KB140556

웨딩드레스
패턴메이킹

이병홍 · 한경희 · 강숙녀 · 최혜정 · 안재규

경춘사

웨딩드레스 패턴메이킹

지은이 이병홍 · 한경희 · 강숙녀 · 최혜정 · 안재규
발행인 안 중 기
발행처 도서출판 경춘사
등록번호 제10-153(1987. 11. 28)

인 쇄 2016년 1월 1일
발 행 2016년 1월 15일

서울시 마포구 마포대로 14길 31-9
경춘빌딩 101호

전화 716-2502, 714-5246
팩스 704-0688

값 16,000원

ISBN 978-89-5895-058-5 93590

※ 복사는 절대 금함.

책을 내면서

Preface

특별한 날 특별하게 입고 싶은 여성들의 소망을 담은 예복의 대명사인 웨딩드레스는 현대패션의 개성화와 다양화에 발맞추어 많은 변화를 거쳐왔다. 아름다운 신부를 꿈꾸는 여성들은 누구보다 우아하면서도 아름다운 웨딩드레스를 입기를 원한다. 따라서 드레스 소재의 고급화와 디자인의 다양화를 가져오고, 웨딩드레스의 시장도 맞춤복에서부터 인터넷 쇼핑, 홈쇼핑을 비롯한 스타마케팅 까지의 적극적인 마케팅을 하면서 활발하게 발전해 오고 있다. 각 대학들 또한 이러한 시장의 변화에 맞게 전문 웨딩학과를 만들기도 하고 일반 패션을 전공으로 하는 학과에서도 교과목을 개발하여 웨딩드레스의 디자인과 제작을 할 수 있는 능력을 학생들에게 길러주기 위한 부단한 노력을 하고 있고, 많은 학생들 또한 졸업작품패션쇼등에 웨딩드레스를 작품으로 제작하기를 원하고 있어서 본 교재는 학생들이 자신들의 창의적인 웨딩드레스 디자인을 자유롭게 패턴으로 제작해 낼 수 있도록 단계별 패턴의 제작과정을 이해하기 쉽게 풀어 놓았다. 드레스 기본 원형의 패턴을 제도하여 그를 이용하여 다양한 디자인 활용을 할 수 있도록 업체에서 사용하고 있는 작업지시서를 첨부하였고 디자인별 일러스트와 디자인이 활용된 드레스의 사진들을 모아서 이해를 돕도록 하였다.

part Ⅰ. 인체계측: 몸에 잘맞고 편안한 드레스 제작을 위한 가장 중요한 시작부분으로 필요한 부분의 인체계측을 정확하게 잘 할 수 있도록 한다.

part Ⅱ. 기본원형제도: 웨딩드레스의 기본 길원형 제도법과 여러 가지 소매의 패턴 제도법을 익혀서 다양한 디자인의 패턴을 제작할 수 있는 기초적 능력을 기른다.

part Ⅲ. 네크라인 변형에 따른 디자인 활용: 웨딩드레스의 디자인에서 가장 많은 변화를 줄 수 있는 네크라인별 패턴의 제작법을 익힌다.

part Ⅳ. 디자인별 드레스 패턴제작: 웨딩드레스의 스커트부분의 다양한 디자인 변화를 통하여 보다 아름다운 드레스 패턴의 제작을 할 수 있는 능력을 기른다.

part Ⅴ. 트레인 및 베일 패턴제작: 웨딩드레스의 필수적인 소품이 되는 트레인과 베일의 패턴제작법을 익혀서 보다 창의적인 디자인 변화를 줄 수 있도록 한다.

이러한 단계별 패턴의 제작과정을 통하여 익힌 능력을 활용하여 웨딩드레스 제작에 많은 관심과 꿈을 가지고 접근하는 많은 의상전공 학생들이 자기의 미래를 자신감있게 도전하고 목표를 세우고 이루어 가는데 도움이 되고자 노력하였으며, 학생들의 이해를 돕고자 아름다운 작품사진들을 선뜻 내어 주신 '혜원 웨딩' 사장님의 도움과 멋진 책으로 만들어 주신 경춘사에 아울러 깊은 감사를 드립니다.

2009. 1. 저 자

Content

웨딩드레스
패턴메이킹

Part Ⅲ. 네크라인(NECKLINE) 변형에 따른 디자인 활용 / 45

Content

웨딩드레스
Wedding Dress Pattern Making
패턴메이킹

I.

인체계측

몸에 잘 맞는 이상적이고 정확한 드레스의 패턴제작을 위해서는 인체에 대한 정확한 치수의 측정이 필요하다. 치수는 계측용구에 의해 측정이 되어야 하며 인체의 계측을 하기위한 기준점과 기준선을 분명하게 구분해서 계측을 해야 한다. 드레스패턴의 제작방법에 따라 치수의 측정방법이 조금씩 다를 수 있으므로 그에 따른 계측방법을 확인해서 정확하게 계측해서 패턴제도법에 따라 제도하여야 한다.

1. 기준점 및 기준선

1) 기준점
- 앞목점 : 앞목둘레선 중심의 옴폭 들어간 점으로 앞중심선과 만나는 점
- 옆목점 : 목둘레선상의 옆점으로 어깨선과 만나는 점
- 뒷목점 : 뒷목둘레선의 중심으로 목을 앞으로 구부렸을 때 튀어나오는 점이며 뒷중심선과 만나는 점
- 어깨끝점 : 어깨선이 끝나는 점으로 진동둘레선과 만나는 점
- 앞품점 : 팔이 몸에서 분리되는 점으로 앞겨드랑이가 시작되는 점
- 뒷품점 : 팔이 몸에서 분리되는 점으로 뒤겨드랑이가 시작되는 점
- 유두점 : 양쪽 가슴의 유두점
- 팔꿈치점 : 팔을 앞으로 구부렸을 때 가장 튀어나온 팔꿈치의 중앙점
- 손목점 : 손목뼈의 가장 튀어나온 중앙점
- 발목점 : 발목 복사뼈의 가장 튀어나온 중앙점

2) 기준선
- 목둘레선 : 앞목점에서 옆목점을 지나 뒷목점을 연결하는 자연스러운 곡선
- 앞중심선 : 앞목점에서 허리선을 향해 수직으로 내린 선
- 뒷중심선 : 뒷목점에서 허리선을 향해 수직으로 내린 선
- 진동둘레선 : 어깨끝점에서 겨드랑점을 지나는 팔둘레선
- 가슴둘레선 : 앞가슴의 가장 튀어나온 유두점을 지나는 수평선
- 허리둘레선 : 허리의 가장 가는 부분을 지나는 수평선
- 엉덩이둘레선 : 엉덩이의 가장 튀어나온 부분을 지나는 수평선

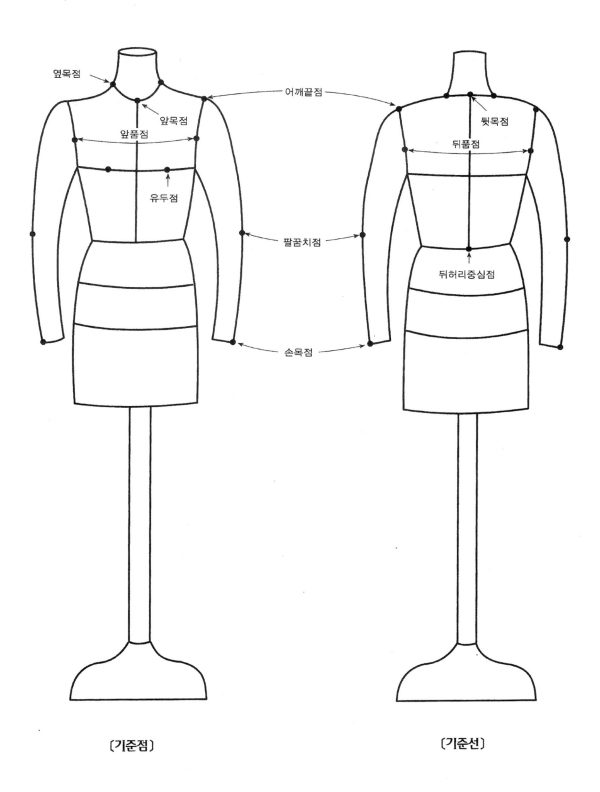

옆목점

어깨끝점

앞목점

앞품점

유두점

팔꿈치점

손목점

뒷목점

뒤품점

뒤허리중심점

〔기준점〕

〔기준선〕

2. 인체의 계측

정확한 치수의 측정을 위해서 피계측자는 얇은 옷을 입어야 하며, 시선은 정면을 바라보고 움직이지 않고 계측이 끝날 때까지 그대로 있어야 한다. 계측은 뒷면부터 측정하고 앞면으로 옮겨서 측정을 하는데 이때 계측자가 움직여서 측정을 하고 피계측자는 가능한 한 움직이지 않는 것이 정확한 측정을 할 수 있다. 또한 보다 정확한 치수의 측정을 위해서는 마크테이프 등을 이용해서 인체 위에 기준점을 표시해두고 허리선에는 고무줄 등으로 묶어 놓고 측정을 하는 것이 좋다.

- 어깨넓이 : 어깨끝점에서 어깨끝점 사이의 넓이를 측정하는데 이때 반드시 뒷목점을 지나게 약간 휘어서 어깨넓이를 측정해서 어깨넓이가 좁아지는 현상이 없도록 한다.
- 소매길이 : 어깨끝점에서 팔꿈치점을 지나서 손목점까지의 길이
  (소매길이는 각자의 취향에 따라 길이의 조절을 해도 된다)
- 등품(등너비) : 양쪽 등품점 사이의 넓이
- 등길이 : 뒷목점에서 허리선까지의 뒷중심선의 직선 길이
- 엉덩이길이 : 뒤허리 중심점에서 엉덩이둘레선까지의 길이
- 앞길이 : 옆목점에서 유두점(B.P)을 지나 허리선까지 수직으로 내린 길이
- 유장 : 옆목점에서 유두점까지의 길이
- 앞품 : 양쪽 앞품점 사이의 넓이
- 유폭 : 양쪽 유두점 사이의 넓이
- 가슴둘레
  윗가슴둘레(상동) : 겨드랑밑을 지나는 앞,뒤의 가슴선이 수평하게 지나는 가슴둘레
  가슴둘레(유상동) : 앞가슴선은 약간 아래로 쳐지게 해서 양쪽 유두점(B.P)을 지나며 뒷가슴둘레선은 수평하게 한 가슴둘레
- 허리둘레 : 허리의 가장 가는 부분을 수평으로 측정한다.
- 중힙둘레 : 허리둘레선과 엉덩이둘레선의 중간 부분으로 배가 나온 사람의 경우 측정해야 하는 것으로 배둘레선의 치수가 되기도 한다.
- 엉덩이둘레 : 엉덩이둘레의 가장 튀어나온 부분을 수평으로 측정한다
- 스커트길이 : 옆허리선에서 원하는 스커트 길이를 측정한다
  (피계측자가 스커트를 입고 재는 경우 스커트의 허리밸트 넓이를 제외하고 측정한다)
- 바지길이 : 옆허리선에서 발목점까지의 길이
  (바지길이도 각자의 원하는 길이를 측정한다)
- 밑위길이 : 바지를 제작할 때 필요한 치수로 의자에 똑바로 앉은 자세에서 허리선부터의자바닥까지의 길이를 측정한다

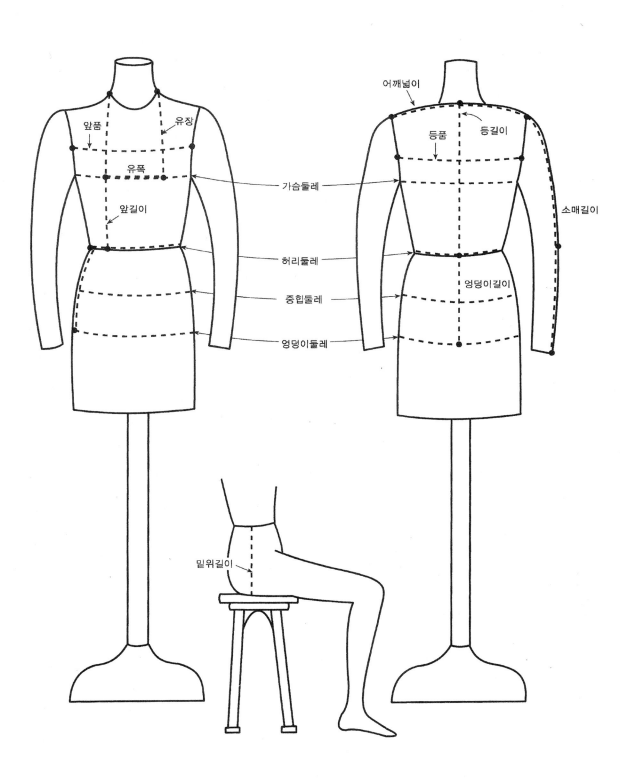

앞품

유장

유폭

앞길이

가슴둘레

허리둘레

중힙둘레

엉덩이둘레

어깨넓이

등품

등길이

소매길이

엉덩이길이

밑위길이

인체의 계측선

Wedding
Dress
Pattern
Making

웨딩드레스

Wedding Dress Pattern Making

II.

패턴메이킹

기본원형제도

작 업 지 시 서

200　　년　　월　　일　　　　　　　　　　　담당자 :

고객명			드레스 변 형 내 용	상의		스커트
S/NO		색상				
완 성						

상동	
유상동	
중(W)동	
하동	
유장	
유폭	
앞품	
어깨	
소매장	
소매통	
팔둘레	
암홀	
뒤품	
등기장	
총장	

소품

담당	경유	경유	실장	

드레스의 기본원형 제도는 뒷판원형부터 제도하고 앞판을 제도해서 완성한다.

일반적으로 패턴의 제도는 가로로 눕혀서 제도를 해야 하는데 본 교재에서는 보기에 편리하게 하기 위해 세로로 세워서 제도를 한다. 원형 제도상에 있어 뒷판의 제도부호는 알파벳의 대문자로, 앞판은 소문자로 표시한다.

1. 뒷판제도

- A~C, A~D의 수직선을 그려준다.

  A~C = 어깨넓이/2, A~D=등길이를 각각 표시한다.

- A~B = B/4

- B에서 E를 향해 수직선을 그려준 뒤

  B~E = B/4 - 0.7cm(앞.뒤차이분) + 0.5cm(여유분)의 가슴선을 표시한다.

- B~F = 등품/2 을 표시해서 F,F_1의 등품선을 그린다.

- D~W = W/4 +2.5cm(허리다트분)

- D~H = 7.5cm

- W에서 4cm내린 점 H_1에서 1cm 나간 점 H_2와 H를 곡선으로 연결한다.

- E~W~ H_2의 옆선을 자연스러운 곡선으로 그린다.

- A~N = B/12

  N~N_1 = 2.5cm

- A에서 직각선을 유지하면서 N_1을 향해 뒷목둘레선을 그려준다.

- C~C_1 = 1.5cm 내려준 뒤 N_1에서 C_1까지의 어깨선을 그린다.

- F~F_2의 이등분점 F_3을 표시해서 C_1~F_3~E점을 연결하는 암홀둘레선을 그려준다.

- B와 E의 이등분점인 G를 표시해서 P점까지의 수직선을 그린다.

  이때 P점은 허리선에서 15cm 내려온 점이다.

- W_1~W_2 = 2.5cm의 허리다트분을 표시한뒤 F_3까지 연결되는 프린세스라인의 다트선을 그린다.

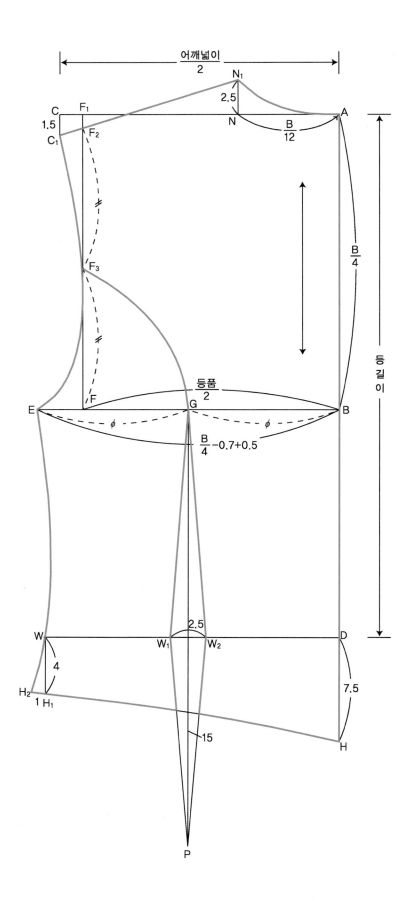

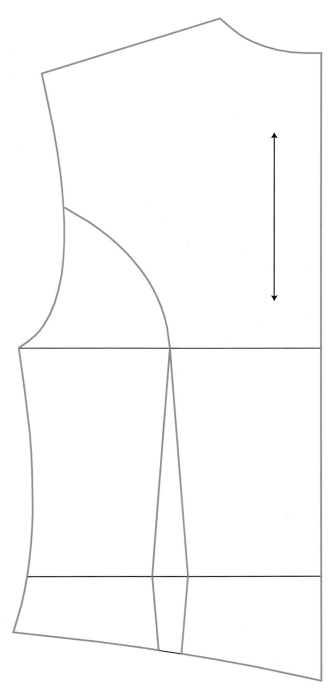

완성된 뒷판패턴

2. 앞판제도

- a~c = 어깨넓이/2

  a~d = 앞길이의 직각선을 그린다.
- a~b = B/4
- b~e = B/4+0.7cm(앞.뒤차)+0.5cm(여유분)
- d~w = W/4+3.5cm(허리다트분)
- b~f = 앞품/2을 표시한 뒤 a~c 선을 향해 수직선을 올려준다.
- a~a_1 = B/12
- a~a_2 = B/12 − 0.5cm
- n에서 a_1~a_2선으로 수직선을 그려서 n_1으로 한다.
- a_1에서 n~n_1의 이등분점을 지나면서 a_2까지 곡선으로 목둘레선을 그린다.
- c~c_1= 5cm
- a_2에서 c_1까지 직선으로 연결한 뒤 뒷판어깨넓이 (N_1~C_1)를 재서 같은 넓이만큼 표시하면

  a_2~c_2가 된다.
- f에서 f_1까지를 이등분해서 f_2를 표시한다.
- c_2~f_2~e를 지나가는 암홀둘레선을 자연스럽게 그린다.
- d~h = 7.5cm
- w~h_1= 4cm

  h_1~h_2= 1cm
- h에서 h_1을 지나면서 h_2까지 곡선으로 그린다.
- e~w~h_2의 옆선을 곡선으로 자연스럽게 그려준다.
- a_2~B.P = 유장, b_1~B.P = 유폭/2 의 길이를 동시에 직각자를 사용하여 B.P를 찾아낸다.
- B.P에서 앞중심선과 평행한 선을 p까지 그린다.

  이때 w_3~p = 15cm 이다.
- w_1~w_3= 2cm , w_2~w_3= 1.5cm 로 허리다트선을 그린다.
- B.P에서 옆선을 향해 가슴선과 평행한 선을 그려서 b_2로 한다.

  뒷판의 옆선 E~H_2까지의 길이를 잰 뒤 앞판의 옆길이 e~h_2와 비교하여 그 차이분을 가슴다트분량

  (b_2~b_3)으로 한다.

  즉, b_2에서 앞,뒤 옆길이 차이분량 만큼을 밑으로 내려서 b_3로 표시한다.
- B.P에서 b_3까지 연결하여 가슴다트를 그려준다.
- f_2에서 2.5cm 내려서 f_3를 표시하여 B.P까지 곡선으로 연결하여 프린세스라인을 완성한다.

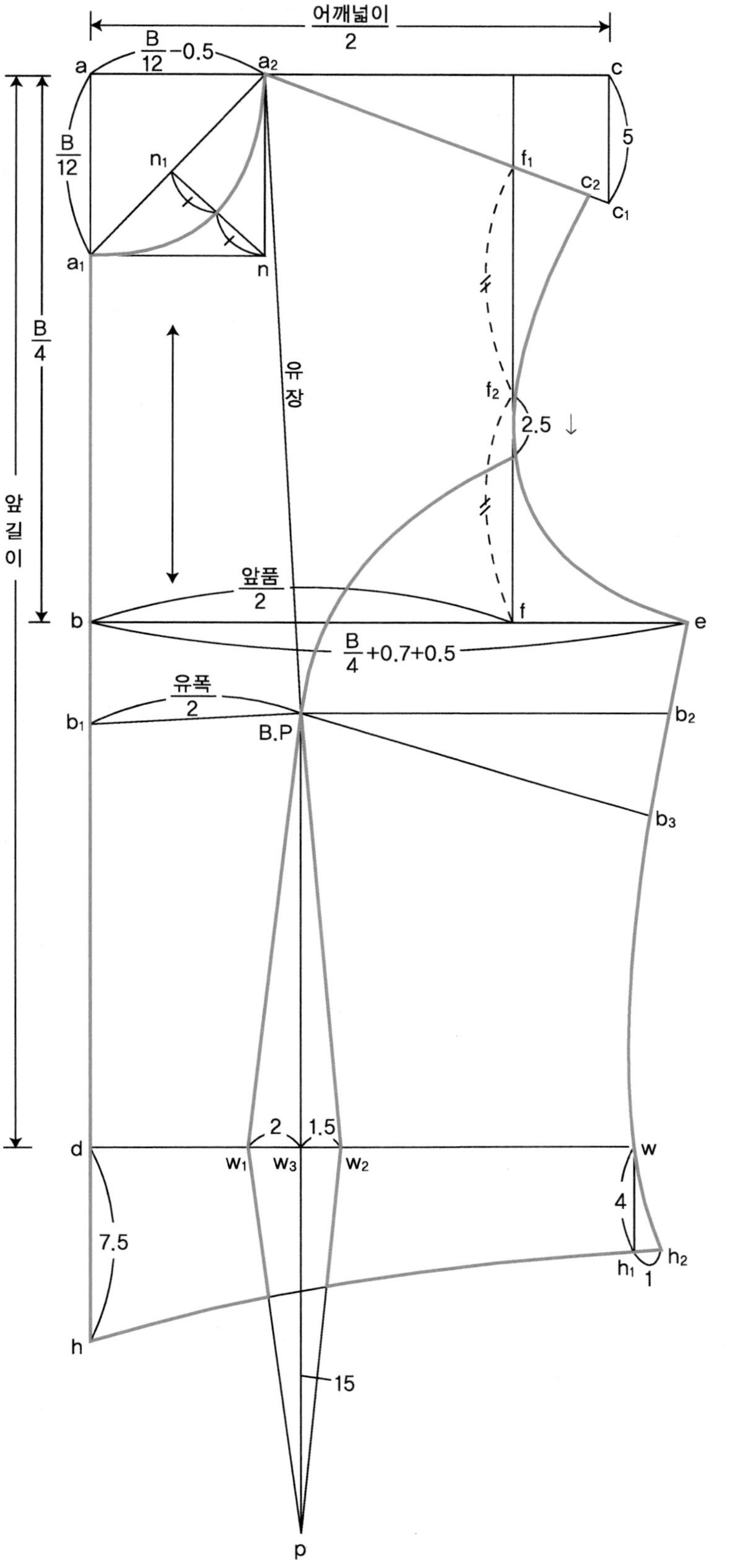

어깨넓이
2

$\dfrac{B}{12}-0.5$

a   a₂   c

$\dfrac{B}{12}$

5

n₁

a₁   n

f₁

c₂

c₁

$\dfrac{B}{4}$

유장

f₂

2.5 ↓

앞길이

앞품
2

b   f   e

$\dfrac{B}{4}+0.7+0.5$

유폭
2

b₁   b₂

B.P

b₃

2   1.5

d   w₁   w₃   w₂   w

7.5

4

h₁   h₂

1

h

15

p

웨딩드레스 패턴메이킹 **19**

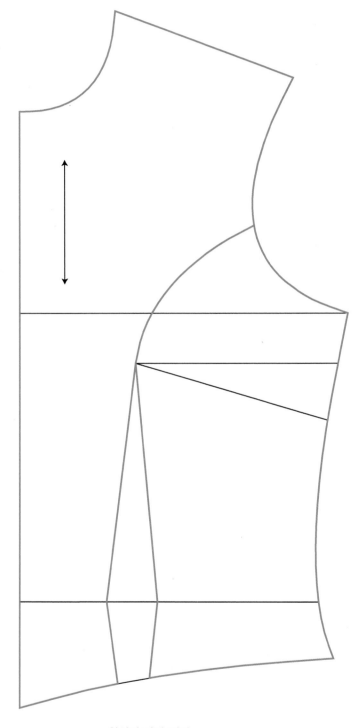

완성된 앞판 패턴

3. 소매제도

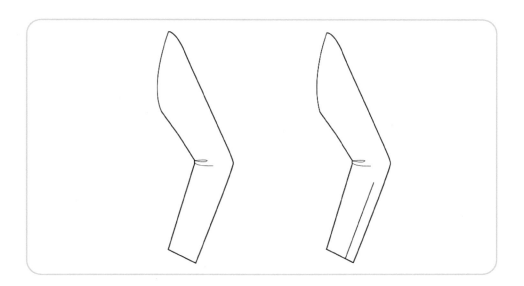

1) 기본원형제도

- 소매를 제도하기 위해서는 먼저 앞뒤몸판의 암홀둘레선의 치수를 재야 한다.
- A~B = 소매길이
- A~C = A.H/3 (여기서 A.H은 앞.뒤 몸판의 암홀둘레치수를 합한 길이)
- C~D_1= (C~B/2) − 2.5cm
- 점 A,C,D_1,B에서 각각의 수직선을 그려준다.
- A~C_2= 앞판의 암홀둘레
- A~C_1= 뒷판의 암홀둘레
- C_1과C_2에서 소매부리선을 향해서 수직선을 내려서 각각 B_1과 B_2로 한다.
- C_1과 C사이는 4등분하고 C_2와 C는 3등분해서 각각의 수직선을 올려준다.
- A에서 0.5cm를 앞소매쪽으로 옮긴 A_1을 새로운 소매의 중심점으로 한다.
- B_1~E = B_2~E_1= 3~4cm 를 들어가서 소매부리의 넓이를 결정해 준다.
  이때 각자의 손목둘레를 채촌해서 여유분을 더한 후 사용해도 된다.
- E~E_2= 1.5cm
  E_2에서 직각을 이루며 E_1까지 연결되는 자연스러운 선을 그려준다.
- 소매의 다트는 D_2에서 D_1까지의 2등분점 D_4에서 E_2,B_3선의 2등분점
  E_3을 향해 절개선을 그려주고 다트량은 앞소매의 옆선인C_2~E_1과 뒷소매의 옆선인 C_1~E_2까지
  길이와의 차이분을 다트량(D_2~D_3)으로 한다.

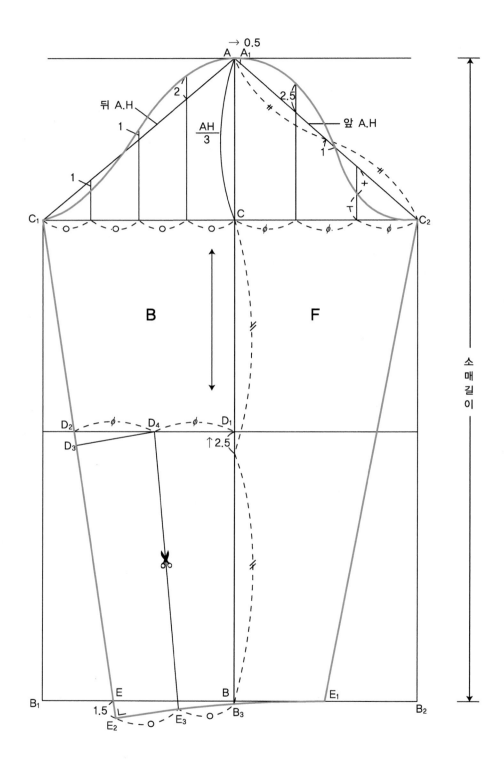

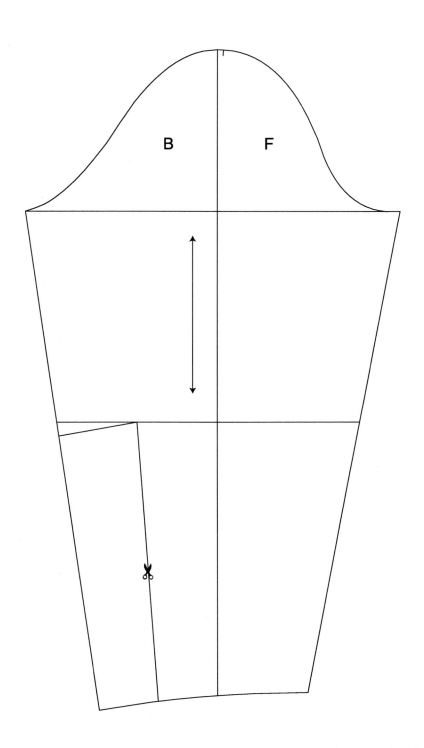

• 필요에 따라 D_4~E_3를 절개하고 팔꿈치 다트량을 접어서 다트의 위치를 옮겨서 사용하면 된다.
  이때는 반드시 접어준 부분을 다시 자연스러운 선으로 다듬어 주어야한다.

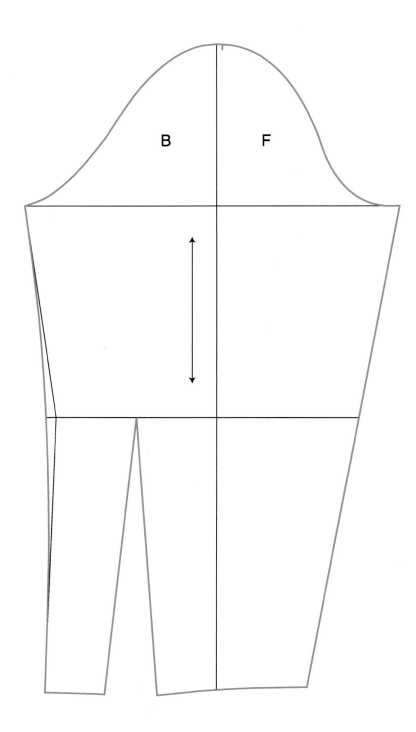

완성된 소매 패턴

2) 소매길이의 변화에 따른 디자인 활용

(1) 짧은 소매

• 기본소매의 원형에서 소매의 옆선길이를 4~5cm로하여 잘라서 사용한다.

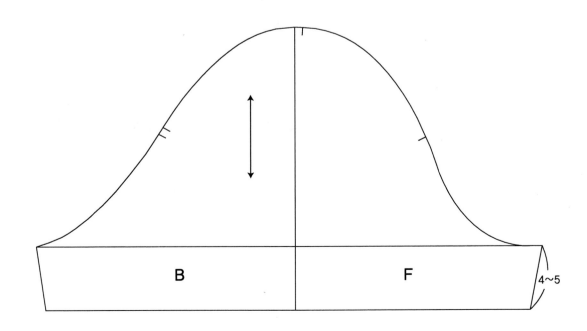

(2) 칠부 소매

- 기본소매의 원형에서 소매길이는 팔꿈치선에서 8cm 정도 내려온 길이로 원형을 잘라서 사용한다.
- 다트의 끝부분을 둥글게 굴려서 디자인 활용을 하여도 훨씬 여성스러운 소매 디자인을 할 수 있다.

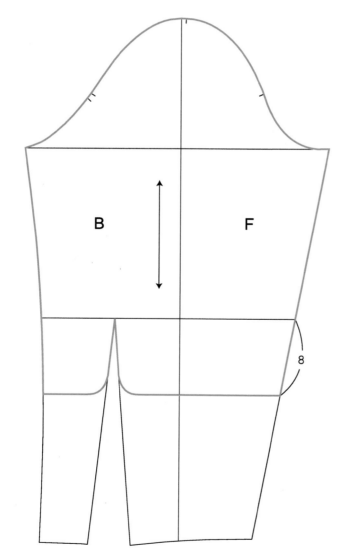

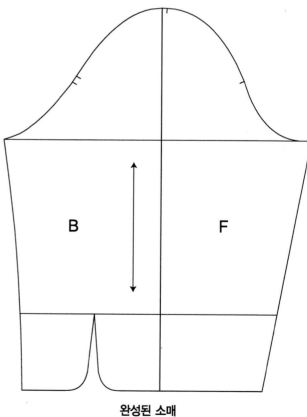

완성된 소매

(3) 긴 소매

- 기본소매의 원형에서 다트를 활용하여 디자인 변화를 준다.
- 다트의 끝부분을 굴려서 제도한다.

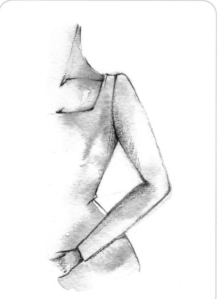

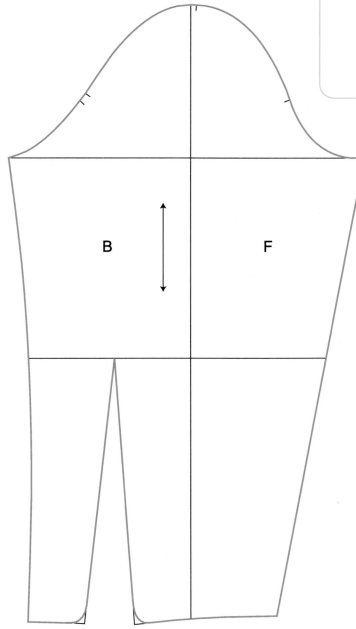

3) 캡 소매 (CAP SLEEVE)

- 기본 소매원형에서 소매산부분의 적당한 길이만큼을 잘라내어 패턴으로 한다.
- 소매길이 8.5cm로 잘라서 사용한다.

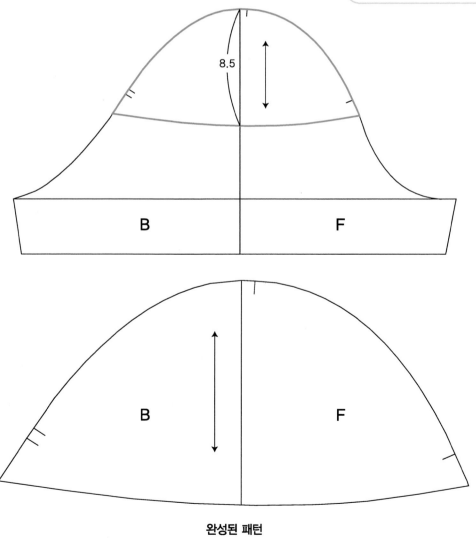

8.5

B

F

B

F

완성된 패턴

4) 레그 어브 머튼 소매 (LEG OF MUTTEN SLEEVE)

- 일명 양다리 소매라고도 하며 팔꿈치 아래부분은 소매 통의 변화를 주지 않고 소매산 부분을 넓게 변형하는 소매의 형태이다.
- 소매산 중심점에서 10cm 내려온 곳과 소매 옆선에서 7cm씩 내려온 곳을 직선으로 연결하여 분리한다.

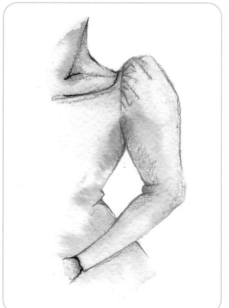

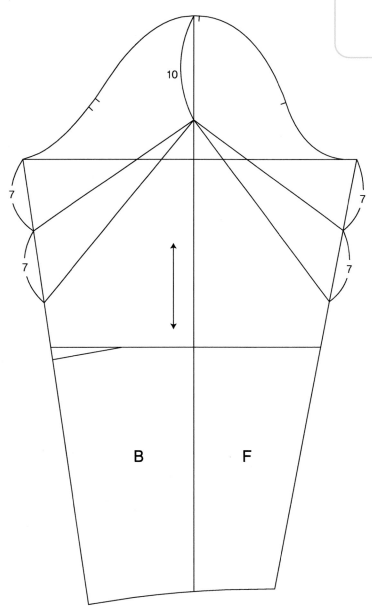

• 소매산 중심점을 기준으로 좌우로 각각 5cm 씩 벌려주고 위로 소매산을 3~4cm 올려서 소매의 암홀둘레선을 다시 그린다.
• 소매의 옆선을 곡자로 다시 수정해서 그려준다.

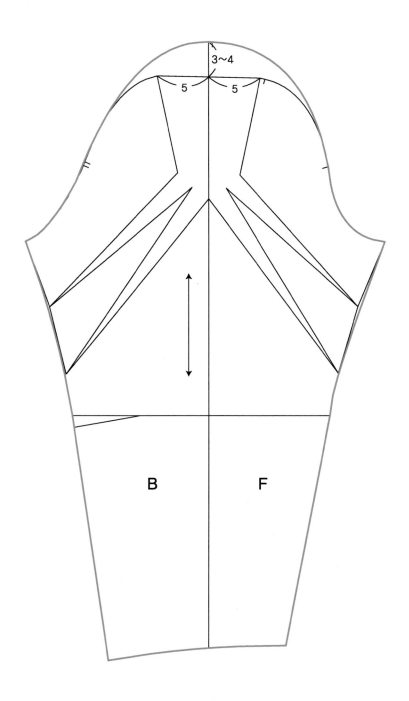

5) 퍼프 소매 (PUFF SLEEVES)

퍼프소매는 소매산이나 소매부리에 규칙적인 주름이나 셔링분을 넣는 소매의 형태로 셔링분량이나 넣는 위치에 따라 여러 가지의 형태로 디자인의 변화를 줄 수 있다.

(1) 퍼프 소매 A

소매산부분에 셔링을 넣는 형태로 ①과 ②의 두가지 방법이 있다.

〈 ①의 방법 〉

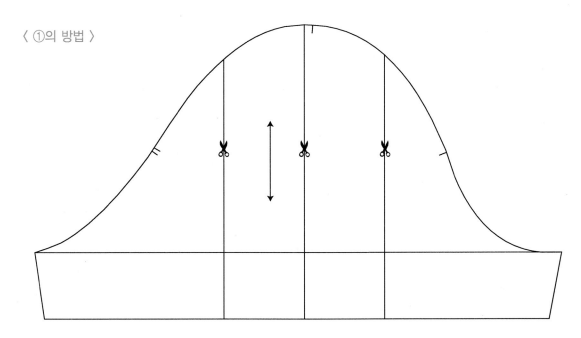

- 디자인에 따라 셔링분량을 적절하게 조절해서 줄 수 있다.
- 소매중심선을 기준으로 좌우로 같은 넓이만큼 등분한다.

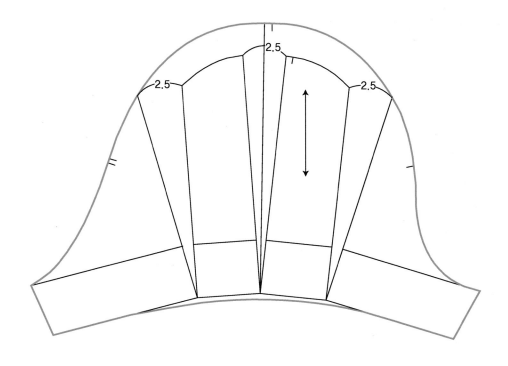

- 소매부리쪽은 벌리지 않고 위쪽의 소매산 부분을 벌려준다.
- 벌려준 셔링분량에 따라 적당하게 소매산을 높여서 다시 그리고, 아래의 소매부리선도 자연스럽게
  수정해 준다.

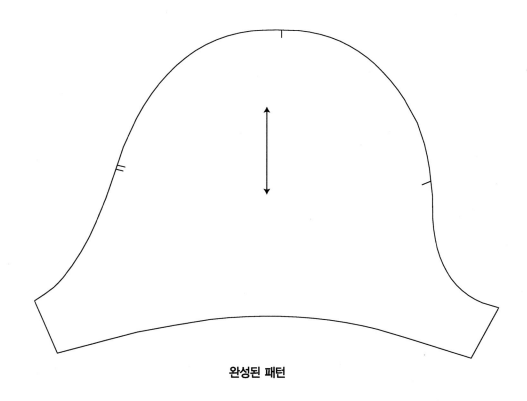

완성된 패턴

〈 ②의 방법 〉

- 셔링분량을 소매산 부분에만 주는 디자인으로 소매통 부분에는 영향을 미치지 않는다.
- 비교적 적은 셔링분량을 주는 디자인에 사용한다.

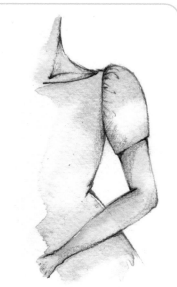

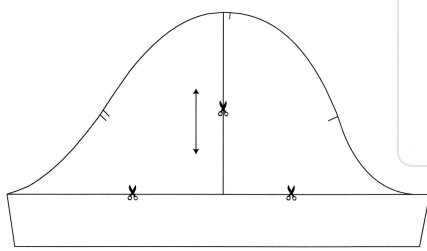

- 중심선의 소매산 부분만을 절개하여서 소매통 부분은 넓어지지 않도록 한다.

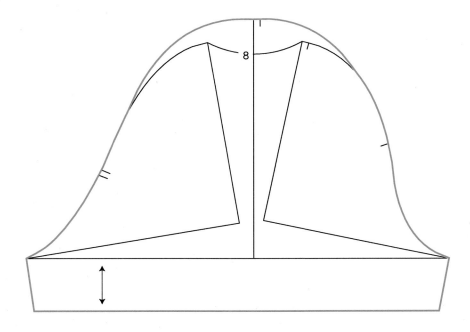

- 절개된 소매산 부분을 중심선을 기준으로 양쪽으로 디자인에 적합하도록 적당량을 벌려준다.
- 넓혀진 분량에 적합하게 소매산의 높이를 높여서 소매산둘레선을 수정해서 그린다.

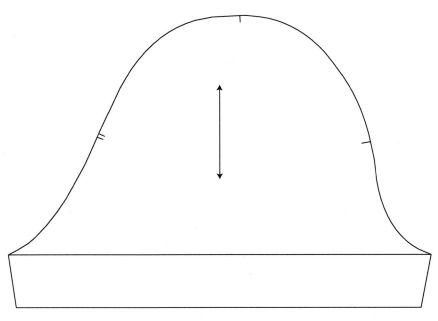

완성된 패턴

(2) 퍼프 소매 B

소매부리쪽에만 셔링을 넣는 형태로 커프스를 사용하는 디자인으로 두가지의 패턴제작 방법이 있다.

〈 ①의 방법 〉

- 중심선을 절개해서 아래쪽으로만 벌려서 적당량의 셔링분량을 주는 형태이다.

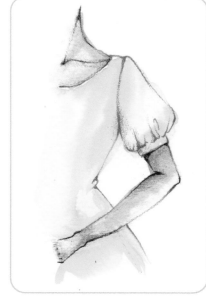

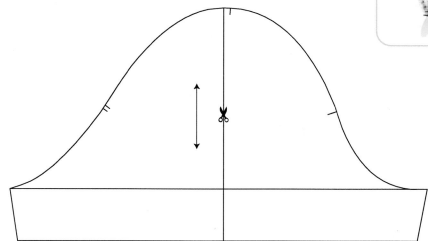

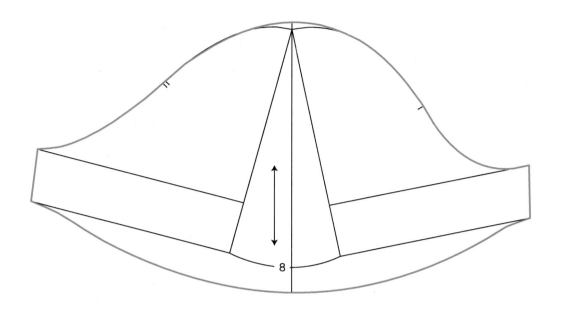

• 벌린 분량에 따라 적당한 길이를 중심선의 아래쪽으로 소매 길이를 연장하여 커프스 봉제시 원활하
게 한다.

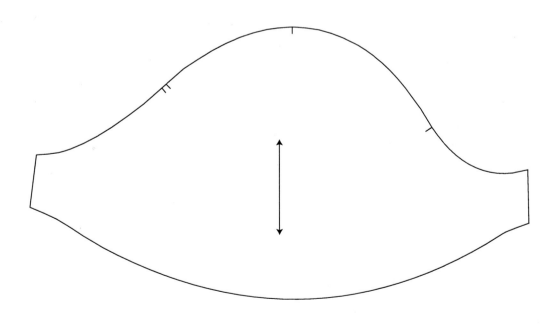

완성된 패턴

• 소매통에 알맞은 둘레의 커프스를 제도한다.

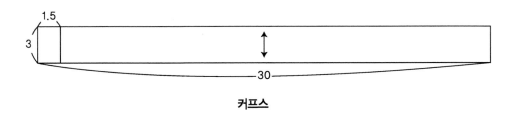

커프스

〈 ②의 방법 〉

• 비교적 셔링분량이 많은 디자인으로 소매의 기본패턴을 여러
  조각으로 분리하여 적당한 셔링분을 아래쪽으로만 벌려주는
  형태이다.

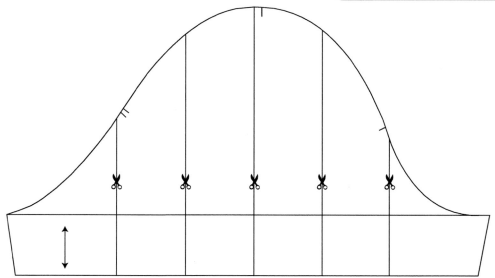

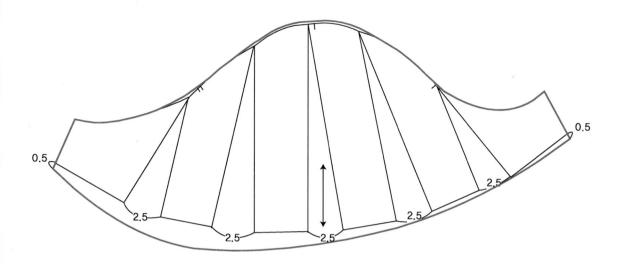

• 벌려진 부분이 넓으므로 뒤소매쪽의 소매부리쪽 소매의 길이를 더 많이 연장하여 커프스 봉제시 오므려 줄 수 있도록 한다.
• 커프스를 제도한다.

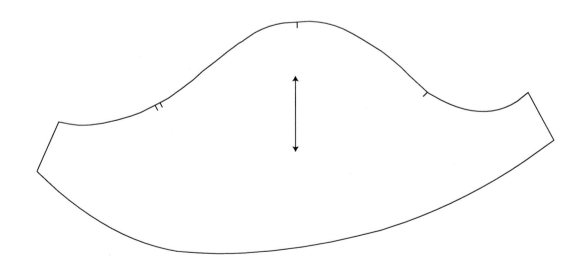

완성된 패턴

(3) 퍼프 소매 C

소매의 위아래 전체적으로 셔링이 들어가는 풍성한 디자인의 소매 형태이다.

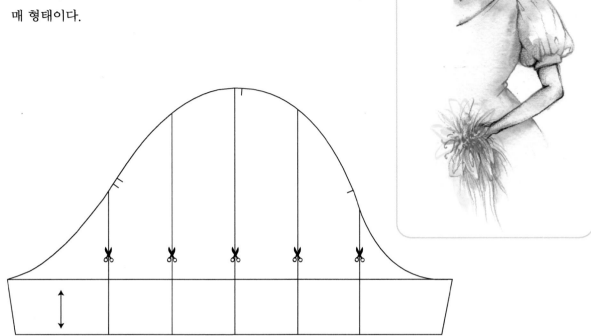

• 소매의 기본패턴을 디자인의 풍성한 셔링분량의 정도에 따라 적당하게 등분한다.

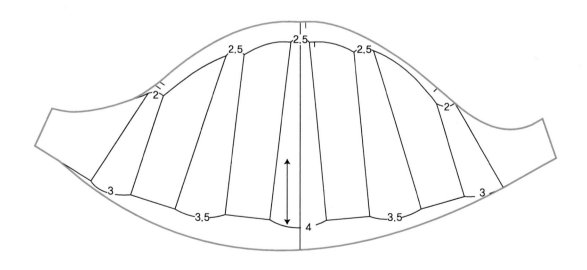

• 적당량의 셔링분을 주고 벌려준다.

이때 아래,위를 같은 분량으로 벌려줄 수도 있고 디자인에 따라 다르게 벌려줄 수도 있다.

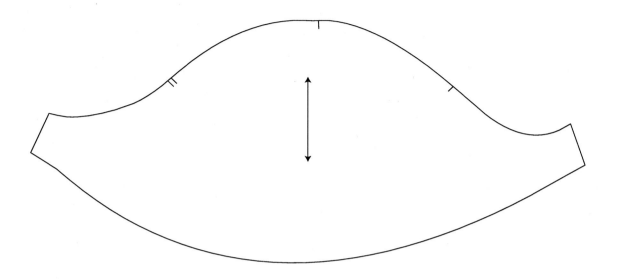

완성된 패턴

- 벌어진 분량에 맞추어서 아래 위로 소매길이를 연장하여 소매 둘레선을 다시 그린다.
- 커프스를 그린다.

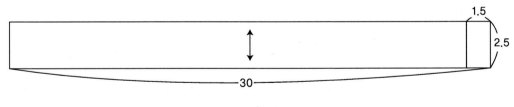

1.5

2.5

30

커프스

4. 베이직 탑 (BASIC TOP)

작 업 지 시 서

200   년   월   일   담당자 :

고객명				드레스 변 형 내 용	상의	스커트
S/NO		색상				
완 성						

상동		
유상동		
중(W)동		
하동		
유장		
유폭		
앞품		
어깨		
소매장		
소매통		
팔둘레		
암홀		
뒤품		
등기장		
총장		

소품

담당	경유	경유	실장	

1) 뒷판제도

- 뒷중심선에서 가슴둘레선부터 1.5cm 올려서 표시한다.
- 옆선에서는 0.5cm 줄이고 가슴선위로 1cm 올려서 A~B를 연결한다.
  이것은 소매가 없으므로 가슴선상의 여유분을 줄이고 암홀선을 올려서 몸에 딱 맞게해서 흘러내리
  는것을 막아준다.
- 허리다트선은 가슴선위로 연장해서 그려준다.

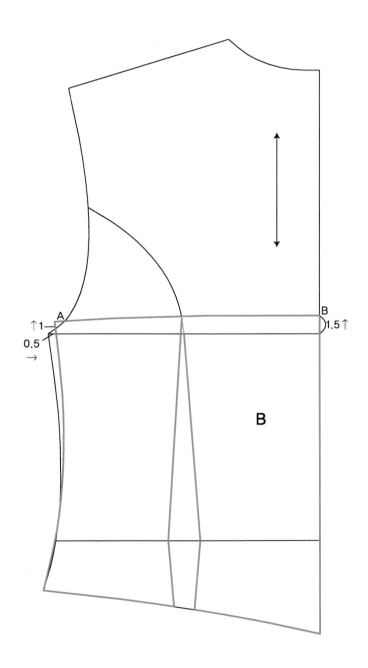

2) 앞판제도

- 앞중심선에서 가슴둘레선부터 2.5cm 올려서 표시한다.
- 옆선은 뒷판과 같이 0.5cm 줄이고 위로 1cm 올려서 자연스러운 가슴선을 그려준다.
- B.P에서 9cm 수직선을 올려서 그리고 옆으로 1cm를 cut시킨다.
- B.P에서 암홀선을 향해 1.5cm M.P분량을 줘서 그린다.

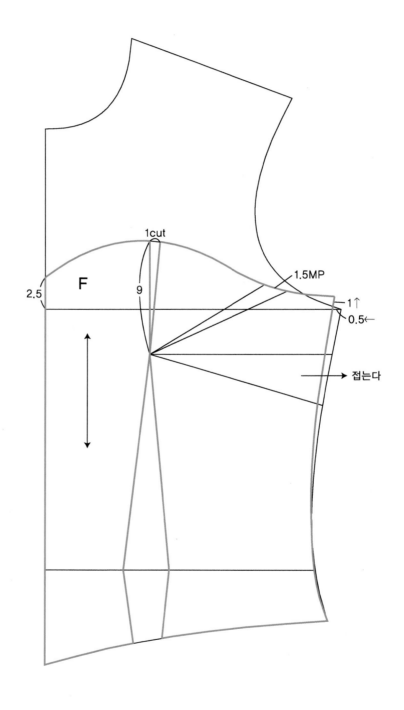

웨딩드레스 패턴메이킹

Wedding Dress Pattern Making

III.

네크라인(NECKLINE)변형에 따른 디자인 활용

1. 케미솔 네크라인 (KEMISOL NECKLINE)
2. 오프 숄더 네크라인 (OFF SHOULDER NECKLINE)
3. 스퀘어 네크라인 (SQUARE NECKLINE)
4. U 네크라인 (U NECKLINE)
5. 스위트 하트 네크라인 (SWEET HEART NECKLINE)
6. 하이 네크라인 (HIGH NECKLINE)
7. 홀터 네크라인 A형 (HALTER NECKLINE)
8. 홀터 네크라인 B형 (HALTER NECKLINE)
9. 만다린 칼라 (MANDARIN COLLAR)
10. Y셔츠 칼라 (Y-SHIRT COLLAR)
11. 숄 칼라 (SHAWL COLLAR)

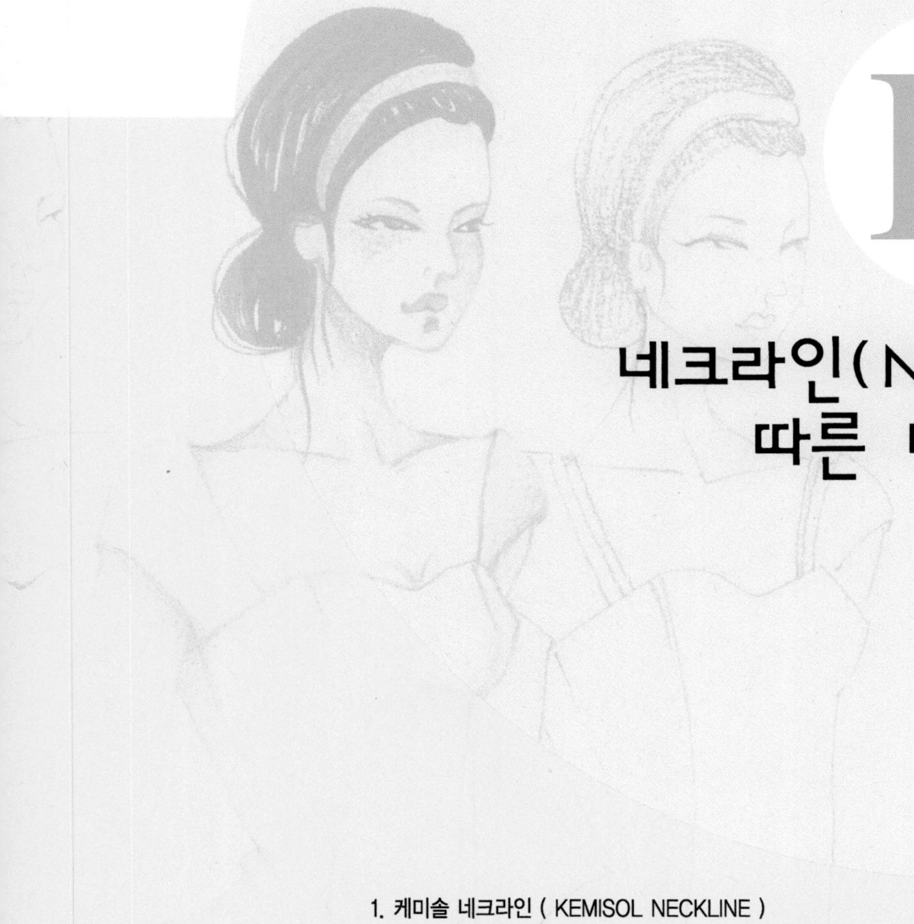

1. 케미솔 네크라인 (KEMISOL NECKLINE)

작 업 지 시 서

200   년   월   일   담당자 :

고객명				드레스 변 형 내 용	상의	스커트
S/NO		색상				
완 성						

			소품
상동			
유상동			
중(W)동			
하동			
유장			
유폭			
앞품			
어깨			
소매장			
소매통			
팔둘레			
암홀			
뒤품			
등기장			
총장			

담당	경유	경유	실장	

1) 뒷판제도

- B에서 위로 2.5cm 올리고 B_1에서 안으로 0.5cm 들어와서 위로 1cm 올린 B_2와 자연스럽게 연결한다.
- 옆선을 허리쪽에서 B_2로 다시 연결해서 수정해 준다.
- 어깨는 어깨끝점인 S에서 안으로 1.5cm 들어가고, 어깨선을 6cm 연장한 뒤 수직으로 2cm 내려준 점과 S 를 직선으로 연결하여 S로부터 7.5cm 넓이만큼 표시하여 어깨넓이로 한다.
  이때 S의 아래로 자연스러운 곡선으로 어깨선을 수정한다.
- 등품넓이점인 A에서 A_1은 2.5cm로 하여 끈넓이로 한다.
- 허리다트는 위로 연장하여 다시 그린다.

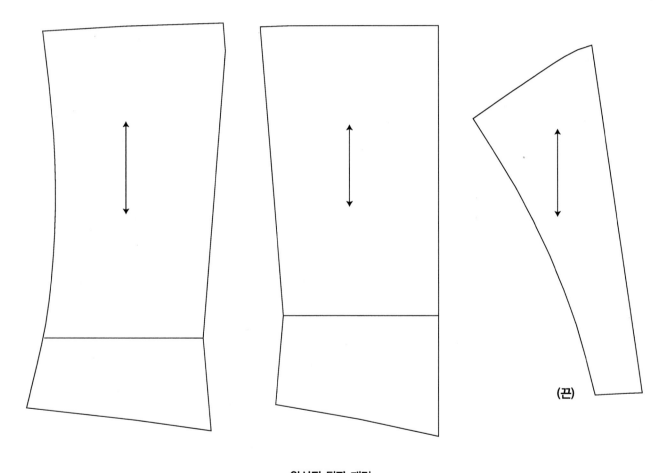

완성된 뒷판 패턴

(끈)

2) 앞판제도

- 앞중심선상의 b에서 위로 2.5cm 올리고 b_1에서 안으로 0.5cm 들어오고 위로 1cm 올린 b_2와 B.P 에서 위로 9cm 올린점을 지나는 자연스러운 가슴선을 그린다.
- b_2에서 허리선을 향해 옆선을 다시 수정해 준다.
- 어깨끝점인 s에서 어깨선쪽으로 1.5cm들어가고 6cm 연장하여 직각으로 2cm내린 점과 s를 직선으로 연결한다. 뒷판어깨넓이와 같은 7.5cm 를 표시한다.
  s점 아래부분을 둥근 곡선으로 하여 어깨선을 수정해 준다.
- 끈의 넓이는 앞품점에서 2.5cm 표시하여 어깨부분과 자연스럽게 연결해 준다.
- 가슴부분에 0.8cm를 cut하여 들뜨는 것을 방지한다. 또한 암홀부분에서도 1.5cm 의 MP분량을 줘서 몸에 딱 맞게 한다.

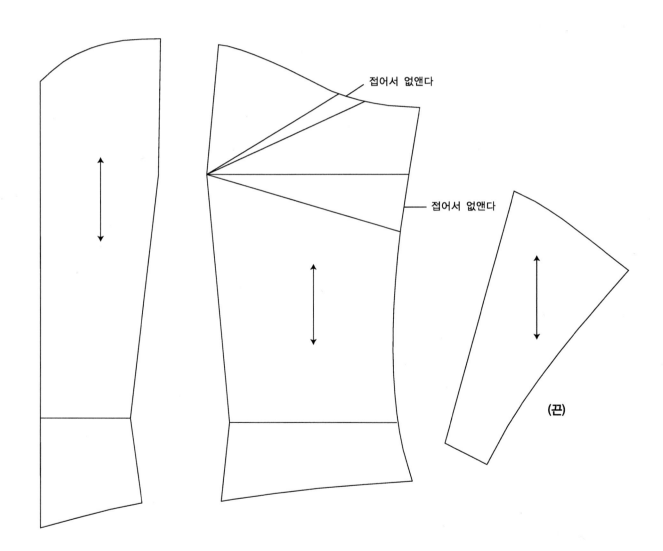

접어서 없앤다

접어서 없앤다

(끈)

완성된 앞판 패턴

2. 오프 숄더 네크라인 (OFF SHOULDER NECKLINE)

작 업 지 시 서

200   년   월   일   담당자 :

고객명				드레스 변 형 내 용	상의	스커트
S/NO		색상				
완 성						

상동		소품
유상동		
중(W)동		
하동		
유장		
유폭		
앞품		
어깨		
소매장		
소매통		
팔둘레		
암홀		
뒤품		
등기장		
총장		

담당	경유	경유	실장	

1) 뒷판제도

• 뒤중심선상의 B에서 2.5cm 올리고 뒷품점에서 11.5cm 올리고 안으로 1.3cm 들어간 점 A₁을 곡선
  으로 연결한다.

• B₁에서 안으로 0.5cm 들어가서 위로 1cm 올린 점 A에서 A₁까지의 암홀선을 그린다.

• A에서 허리선까지 자연스럽게 옆선을 수정해서 그린다.

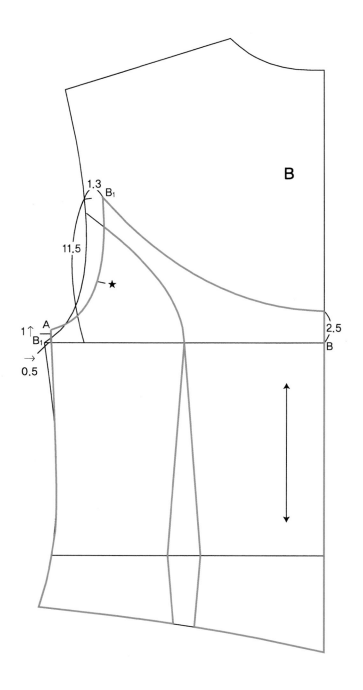

2) 앞판제도

- 앞중심선상의 b에서 위로 5cm 올린 점과 앞품점에서 10.5cm 올리고 안으로 1.3cm 들어간 점 a_1 을 곡선으로 연결해 준다.
- 옆가슴점 b_1에서 안으로 0.5cm 들어가서 위로 1cm 올린 점 a에서 a_1까지의 앞암홀선을 그린다.
- B.P에서 암홀선을 향하여 1.5cm 를 MP 시켜서 들뜨는 것을 방지한다.
- a에서 허리선을 향하여 옆선을 자연스럽게 수정해서 그린다.

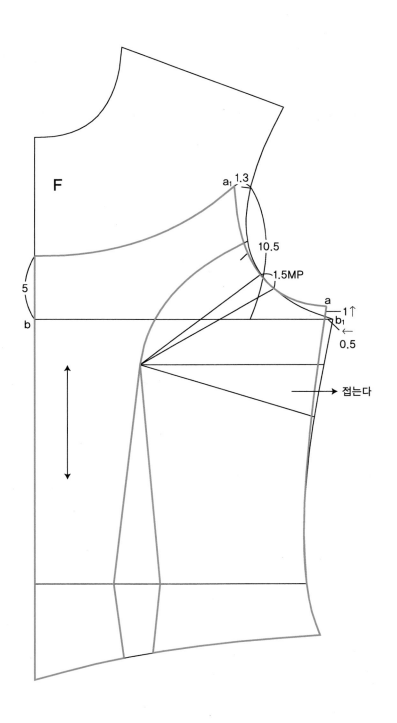

3) 소매제도

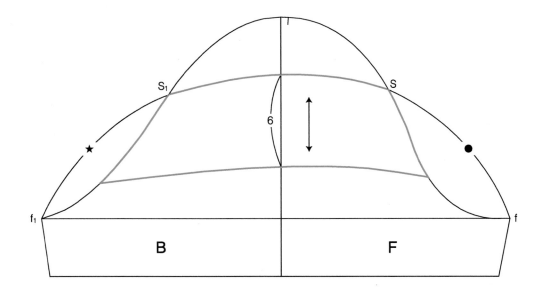

- 몸판 패턴에서 암홀둘레를 잰다.

  앞 암홀둘레(a~a₁) = ●

  뒤 암홀둘레(A~A₁) = ★

- 기본소매 패턴의 소매산부분을 활용하여 그린다.

  앞소매의 f에서 앞 암홀둘레길이만큼 (●) 올라가서 s를 표시한다.

  뒷소매의 f₁에서 뒤 암홀둘레길이만큼(★) 올라가서 s₁을 표시한다.

- s와 s₁을 곡선으로 그린다.

- 소매길이는 6cm로 하여 자연스럽게 소매의 아랫선을 그린 후 잘라내어 소매패턴으로 사용한다.

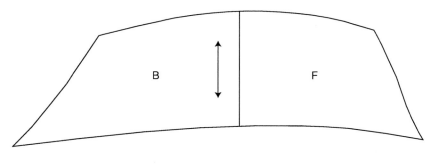

완성된 소매 패턴

3. 스퀘어 네크라인 (SQUARE NECKLINE)

작 업 지 시 서

고객명			드레스 변 형 내 용	상의		스커트
S/NO		색상				
완 성						

상동				소품
유상동				
중(W)동				
하동				
유장				
유폭				
앞품				
어깨				
소매장				
소매통				
팔둘레				
암홀				
뒤품				
등기장				
총장				

담당	경유	경유	실장	

1) 뒷판제도

- 뒷중심선의 가슴선에서 위로 10cm 올린다.
- 어깨끝점에서 안으로 2.5cm 들어간 곳을 어깨넓이로 하여 자연스러운 스퀘어 네크라인을
  그려준다.

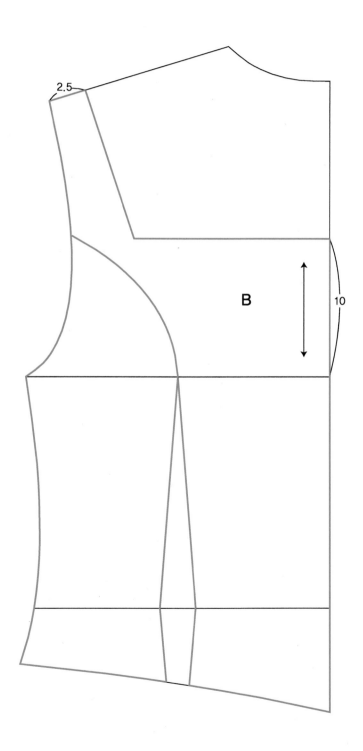

2) 앞판제도

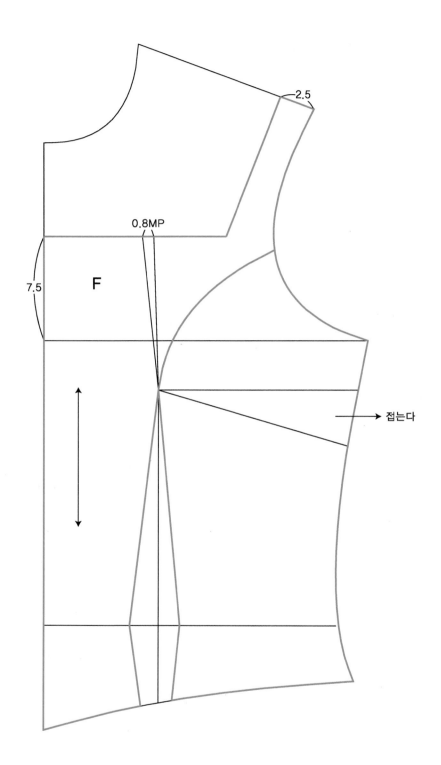

2.5

0.8MP

7.5

F

접는다

- 앞중심선의 가슴선에서 위로 7.5cm 올린다.
- 어깨넓이는 뒤와 같은 2.5cm로 한다.
- B.P에서 네크라인을 향해 0.8cm를 MP시켜서 들뜨는것을 방지한다.

3) 소매제도

• 기본소매패턴을 활용한다.

• 소매중심점에서 아래로 2.5cm 내려서 소매산 높이를 낮춘다.

• 소매의 옆선 길이는 4cm로 한다.

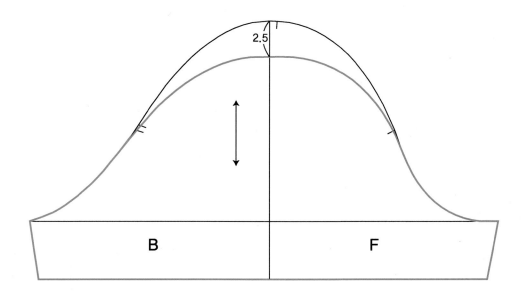

4. U 네크라인 (U NECKLINE)

작 업 지 시 서

200   년   월   일   담당자 :

고객명			드레스 변 형 내 용	상의	스커트
S/NO		색상			
완 성					

			소품
상동			
유상동			
중(W)동			
하동			
유장			
유폭			
앞품			
어깨			
소매장			
소매통			
팔둘레			
암홀			
뒤품			
등기장			
총장			

담당	경유	경유	실장	

1) 뒷판제도

- B에서 위로 10cm 올린 점과 어깨끝점(P)에서 안으로 3cm 들어온 점을 직선으로연결한 뒤 모서리 부분을 곡선으로 수정하여 네크라인을 완성한다.
- P~S = 1.3cm
  S~S₁= 10cm
- S₁~C = 5.5cm
- B₁에서 안으로 0.5cm 들어가고 위로 1.5cm 올려서 A로 한다.

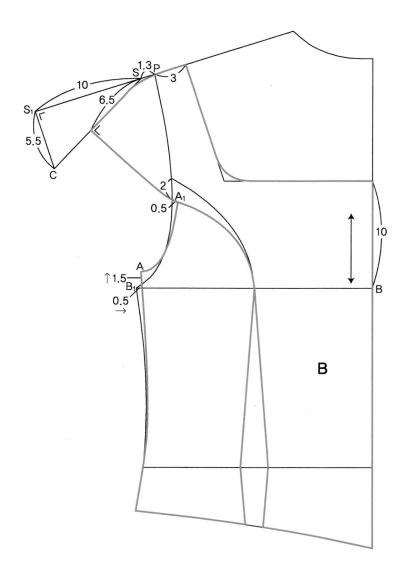

- A에서 허리선을 향하여 자연스러운 옆선을 다시 그려준다.
- 기본원형의 프린세스라인에서 아래로 2.5cm 내려서 다시 프린세스라인을 그리고 안으로 0.5cm 들어간 점 A₁과 A를 연결하여 암홀선으로 한다.
- S에서 C까지 연결한 뒤 소매길이 6.5cm를 내려서 점 A₁까지의 소매선을 그린다.

2) 앞판제도

- b에서 위로 5cm 올린 점과 p에서 안으로 3cm 들어간 점을 U자형으로 연결해서 네크라인을 완성한다.
- p~s = 1.3cm
  - s~s_1 = 10cm
- s_1~c = 5cm
- b_1에서 안으로 0.5cm 들어가서 위로 1.5cm 올린 점 a에서 허리선을 향하여 자연스러운 옆선을 다시 그린다.
- 프린세스라인의 끝점에서 안으로 0.5cm 들어가서 a_1으로 한다.
- a에서 a_1까지의 암홀선을 연결한다.
- s에서 c를 연결한 후, 소매길이 6.5cm만큼 내려와서 점 a_1과 자연스러운 소매선을 그려준다.
- B.P에서 암홀선을 향하여 1.5cm를 MP시킨다.

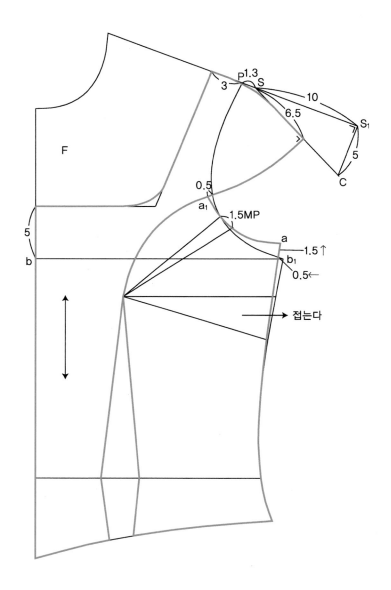

5. 스위트 하트 네크라인 (SWEET HEART NECKLINE)

작 업 지 시 서

200 년 월 일   담당자 :

고객명			드레스 변 형 내 용	상의	스커트
S/NO		색상			
완 성					

상동			소품
유상동			
중(W)동			
하동			
유장			
유폭			
앞품			
어깨			
소매장			
소매통			
팔둘레			
암홀			
뒤품			
등기장			
총장			

담당	경유	경유	실장	

1) 뒷판제도

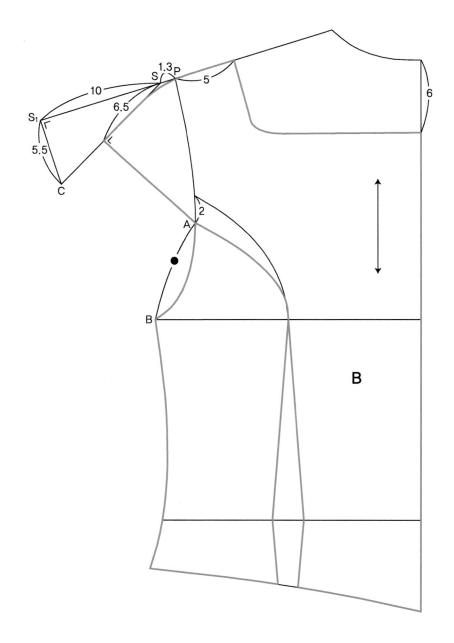

- 뒷목점에서 6cm 내리고 P에서 안으로 5cm 들어온 점을 연결하여 네크라인으로 한다.
- P~S = 1.3cm
  S~S₁ = 10cm
- S₁에서 직각으로 5.5cm 내려서 C로 한다.
- 기본원형의 프린세스라인을 아래로 2cm 내려서 그린다.
- S에서 C를 직선으로 연결한 후 소매길이 6.5cm 내려서 점A를 연결하여 소매선을 그린다.

2) 앞판제도

- b에서 위로 5cm 올리고 어깨넓이 5cm로 하여 하트 모양으로 자연스럽게 네크라인을 완성한다.
- p~s = 1.3cm

  s~s$_1$= 10cm
- s$_1$에서 직각으로 5cm 내린다.
- s에서 소매길이 6.5cm 내린 뒤 a 와 연결하여 소매선으로 한다.
- B.P에서 네크라인을 향하여 0.8cm MP 시킨다.

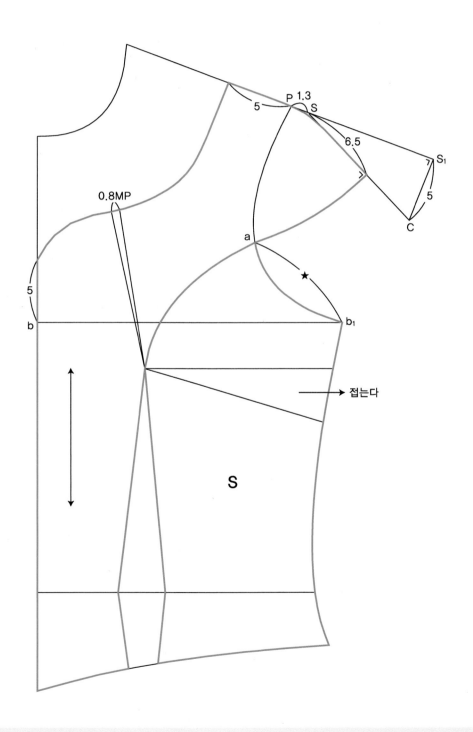

3) 소매제도

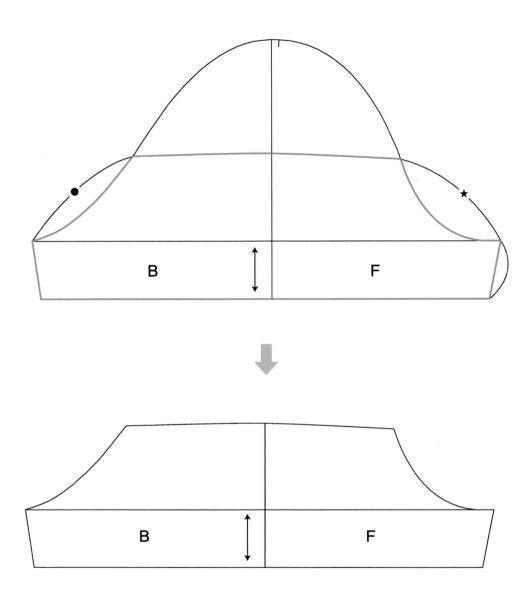

- 기본 소매원형에서 소매길이 4cm로 한다.
- 몸판에서 앞,뒤의 암홀둘레를 재서 소매의 암홀둘레상에 옮겨서 표시한 뒤 잘라낸다.
  - ★ = 앞암홀둘레
  - ● = 뒤암홀둘레

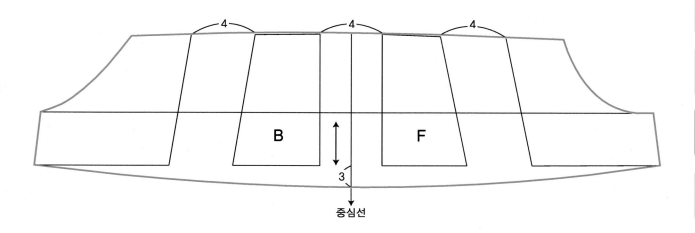

- 디자인에 알맞게 소매를 등분하여 적당한 셔링분을 줘서 벌려준다.
- 밑소매부리선은 3cm 정도 연장하여 그린다.

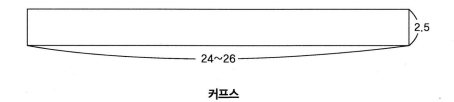

커프스

- 커프스를 그린다. 각자의 팔 둘레넓이를 재서 한다.

6. 하이 네크라인 (HIGH NECKLINE)

작 업 지 시 서

200   년   월   일   담당자 :

고객명				드레스 변 형 내 용	상의	스커트
S/NO		색상				
완 성						

			소품
상동			
유상동			
중(W)동			
하동			
유장			
유폭			
앞품			
어깨			
소매장			
소매통			
팔둘레			
암홀			
뒤품			
등기장			
총장			

담당	경유	경유	실장	

1) 뒤판제도

- 뒷목점에서 칼라높이 3cm 올린다.
- 옆목점에서 2cm올린 뒤 안으로 0.3cm 들어간 점을 곡선으로 그린다.

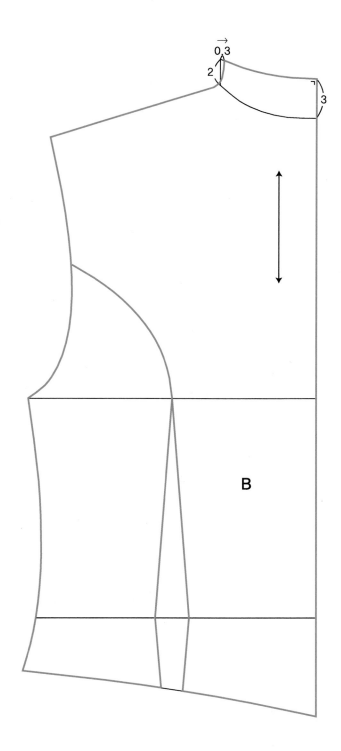

2) 앞판제도

- 옆목점에서 위로 0.3cm 올린 점에서 2cm 연장하여 어깨선과 자연스럽게 연결하여 뒷판과 전체 어깨넓이를 같게한다.
- 가슴선에서 2.5cm 위로 올려서 네크라인을 알맞게 그려준다.
- 0.6cm를 MP시켜서 가슴부위가 들뜨는 것을 방지한다.
- 암홀둘레선에서도 1.5cm의 MP분량을 표시한다.

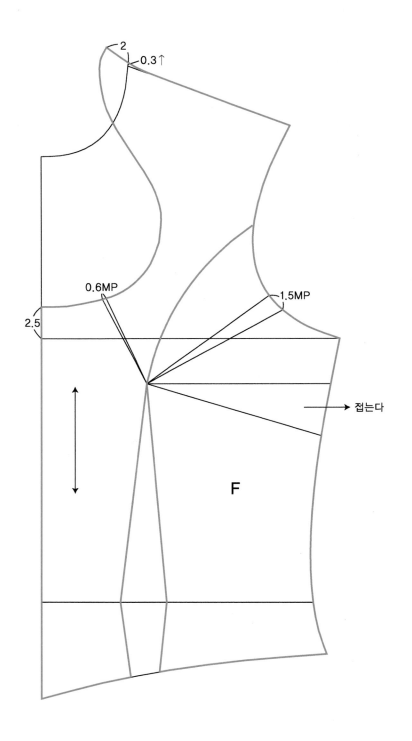

7. 홀터 네크라인 A형 (HAITER NECKLINE)

뒷목에서 끈으로 묶는 형태의 디자인으로 끈의 길이나 모양에 따라 다양한 변화를 줄 수 있는 디자인
이다.

작 업 지 시 서

200   년   월   일   담당자 :

고객명				드레스 변 형 내 용	상의		스커트
S/NO		색상					
완 성							

상동			소품
유상동			
중(W)동			
하동			
유장			
유폭			
앞품			
어깨			
소매장			
소매통			
팔둘레			
암홀			
뒤품			
등기장			
총장			

담당	경유	경유	실장	

1) 뒷판제도

- 뒷중심선의 가슴선에서 위로 2.5cm 올려서 A로 한다.
- 옆가슴선에서 안으로 1.3cm 들어가고 위로 1.3cm 올린 점 B를 A와 연결하여 그린다.

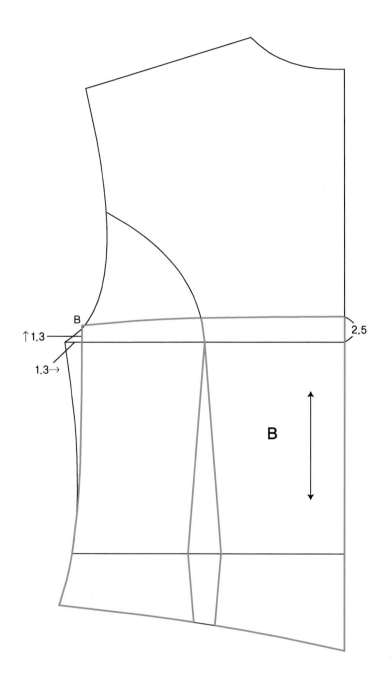

2) 앞판제도

- 앞중심선의 가슴선에서 위로 2.5cm 올린다.
- 옆가슴선에서 안으로 1.3cm 들어와서 위로 1.3cm 올려서 b로 한다.
- $n \sim n_1$ = 4cm
- b에서 n_1을 지나는 암홀선을 그리면서 n_1을 디자인에 따른 끈의 길이만큼 연장하여 그린다.
- 끈의 끝부분의 넓이는 1.5cm로 하여 끈을 완성한다.
- 프린세스라인에서 1.5cm를 잘라내서 옷이 암홀부분에서 들뜨는 것을 방지한다.
- 네크라인 부분에서 0.8cm를 MP시켜서 가슴 부분에서 뜨는 것을 방지한다.

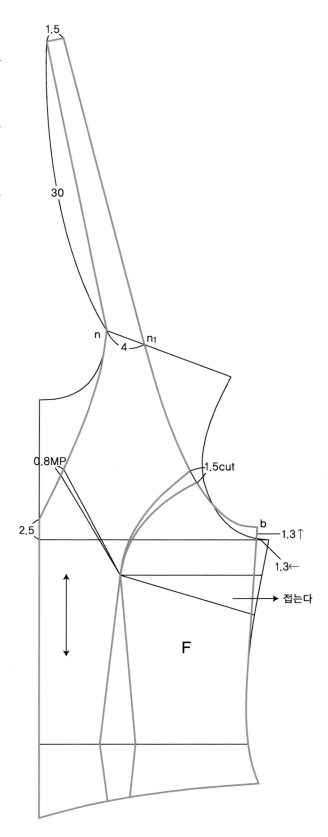

8. 홀터 네크라인 B형

작 업 지 시 서

200   년   월   일   담당자 :

고객명				드레스 변 형 내 용	상의		스커트
S/NO		색상					
완 성							

상동	
유상동	
중(W)동	
하동	
유장	
유폭	
앞품	
어깨	
소매장	
소매통	
팔둘레	
암홀	
뒤품	
등기장	
총장	

소품

담당	경유	경유	실장

1) 뒷판제도

- 소매가 달리지 않는 형태의 디자인으로 가슴선 B에서 안으로 0.5cm 들어가고 위로 1cm 올려준다.

- 옆목을 1cm 파준다.

- 어깨끈의 넓이는 3cm로 한다.

- 어깨끈이 뒷목둘레 부분에서 들뜨는 것을 방지하기 위해 0.5cm 정도를 MP 시킨다.

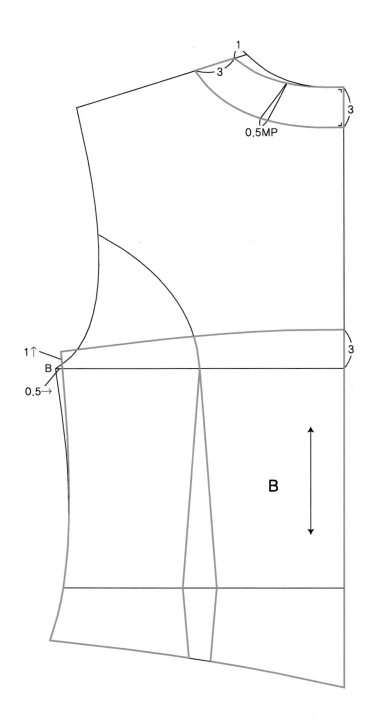

2) 앞판제도

- 가슴선 b에서 안으로 0.5cm 들어가서 위로 1cm 올려준다.
- 암홀부분을 1.5cm를 cut 시켜서 들뜨는 것을 방지한다.
- 옆목점에서 1cm 파주고 어깨넓이는 뒷판과 같이 3cm로 한다.
- 앞중심선의 가슴선에서 5cm 올린점 a와 n을 연결하여서 앞목둘레선으로 한다.
- 앞목둘레선에서 B.P로부터 0.5cm를 MP 시켜서 앞가슴부분이 들뜨는 것을 방지한다.

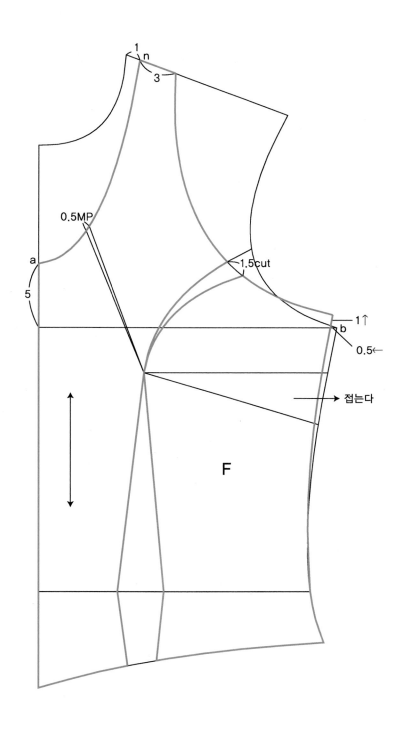

9. 만다린 칼라 (MANDARIN COLLAR)

작 업 지 시 서

200   년   월   일   담당자 :

고객명				드레스 변 형 내 용	상의	스커트
S/NO		색상				
완 성						

상동			소품
유상동			
중(W)동			
하동			
유장			
유폭			
앞품			
어깨			
소매장			
소매통			
팔둘레			
암홀			
뒤품			
등기장			
총장			

담당	경유	경유	실장	

1) 뒷판제도

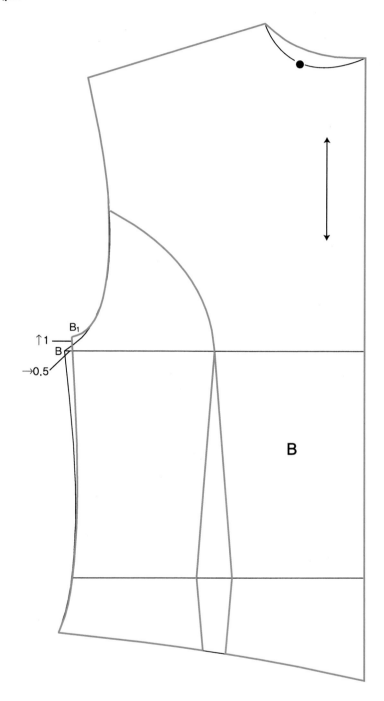

- 소매가 달리지 않은 디자인으로 B에서 안으로 0.5cm 들어가서 위로 1cm 올려서 몸에 딱맞게 해준다.
  소매가 달리는 디자인으로 할 때는 기본원형 그대로 사용한다.
- B_1에서 허리선을 향해 옆선을 다시 수정해서 그린다.
- 칼라의 제도를 위해 뒷목둘레를 재둔다.

2) 앞판제도

- b에서 안으로 0.5cm 들어가서 위로 1cm 올려서 암홀라인을 다시 그려준다.
- b_1에서 허리선을 향해 옆선을 다시 수정해서 그린다.
- B.P에서 암홀둘레선으로 1.5cm를 MP시킨다.
- 칼라의 제도를 위해 앞목둘레선의 길이를 재둔다.

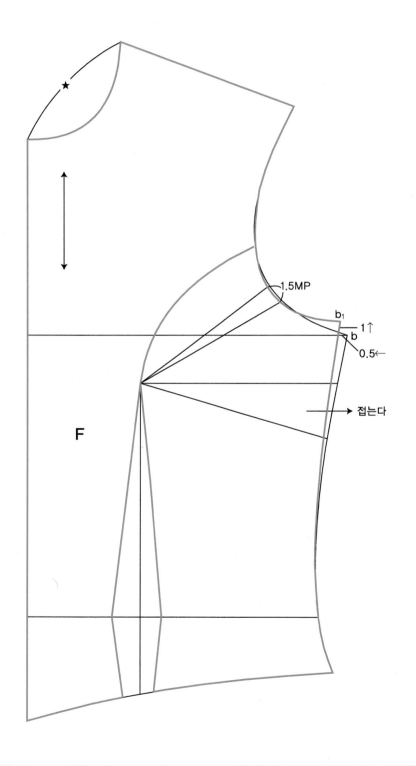

3) 칼라제도

- 몸판의 목둘레 치수를 재서 사용한다.

  앞목둘레 /2 = ★

  뒷목둘레 /2 = ●

- 몸판의 뒷중심에 트임이 있으므로 칼라 또한 앞,뒤 모두 꺾선이 없이 분리되어 2장이 된다.
- 뒷중심 칼라의 넓이는 3cm로 하고 , 앞칼라의 넓이는 2.5cm로 한다.

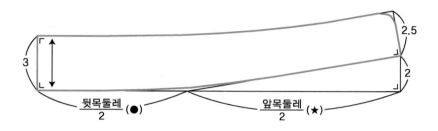

10. Y 셔츠칼라 (Y-SHIRT COLLAR)

작 업 지 시 서

200   년   월   일   담당자 :

고객명			드레스 변 형 내 용	상의	스커트
S/NO		색상			
완 성					

상동	
유상동	
중(W)동	
하동	
유장	
유폭	
앞품	
어깨	
소매장	
소매통	
팔둘레	
암홀	
뒤품	
등기장	
총장	

소품

담당	경유	경유	실장

1) 뒷판제도

- 어깨가 깊이 파진 소매가 없는 디자인으로 B에서 0.5cm 안으로 들어가서 위로 1cm 올려서 B₁으로 한다.
- A~N = 3cm
- A와 B₁을 연결하여 그린다.
- N~N₁= 뒷목둘레/2 (●)

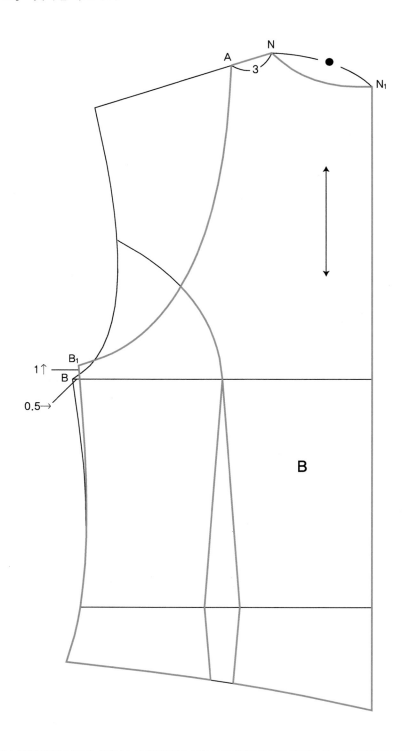

2) 앞판제도

- b에서 안으로 0.5cm 들어가서 위로 1cm 올려서 b_1으로 한다.
- a~n = 3cm
- a에서 b_1을 연결하고 프린세스라인부터 1.5cm cut 시켜서 들뜨는 것을 방지한다.
- n~n_1= 앞목둘레/2 (★)
- n_1을 중심으로 하여 좌우로 1.5cm의 덧단분(단쟉크)을 그린다.

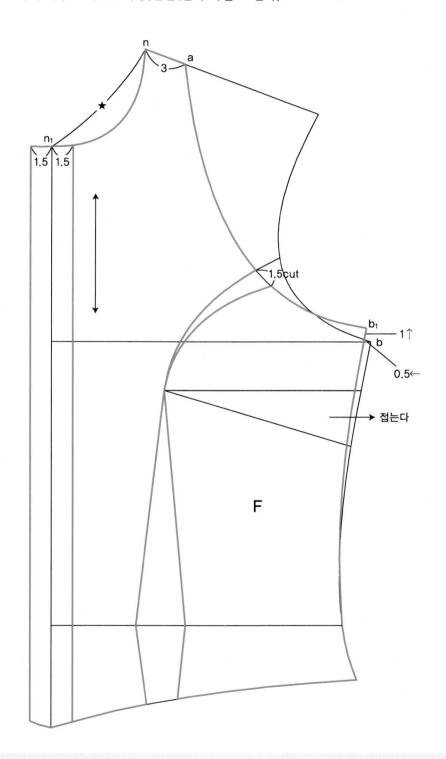

3) 칼라제도

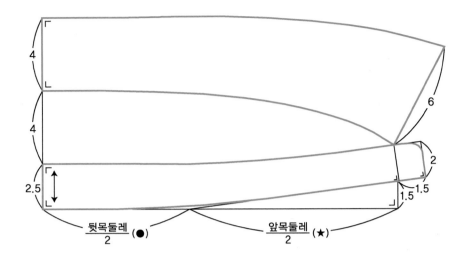

- 몸판에서 앞,뒤목둘레 치수를 재서 사용한다.

  앞목둘레/2 = ★

  뒷목둘레/2 = ●

- 밴드넓이는 뒷중심은 2.5cm로 하고 앞중심쪽은 2cm로 한다.

- 셔츠칼라의 넓이는 뒷중심쪽은 4cm로하고 앞칼라부분은 6cm로 조금더 넓게 한다.

11. 숄 칼라 (SHAWL COLLAR)

작 업 지 시 서

200   년   월   일   담당자 :

고객명				드레스 변 형 내 용	상의		스커트
S/NO		색상					
완 성							

			소품
상동			
유상동			
중(W)동			
하동			
유장			
유폭			
앞품			
어깨			
소매장			
소매통			
팔둘레			
암홀			
뒤품			
등기장			
총장			

담당	경유	경유	실장

1) 뒷판제도

• 옆목점에서 0.5cm 파 준다.

• 볼레로의 길이는 허리선에서 위로 2cm 올린 길이로 한다.

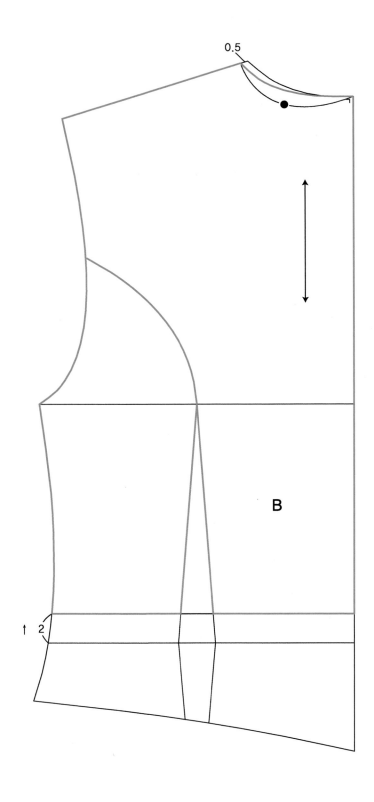

2) 앞판제도

- 옆목점에서 0.5cm를 파서 뒷판의 어깨넓이와 같게 한다.
- 볼레로 디자인이 단추가 없는 스타일로서 낸단분을 주지 않는다.
- 숄칼라이므로 뒷목둘레를 뒷판패턴에서 재서 칼라를 앞판 몸판에 붙여서 직접 제도한다.
- 2.5cm의 칼라 세움분을 주고 뒷칼라의 넓이는 4cm로 한다.
- 칼라 끝점은 가슴선에서 7cm 아래로 한다.
- 볼레로 길이는 뒷판에 맞추어서 허리선에서 위로 2cm 올린 길이로 한다.
  앞중심쪽은 디자인에 맞춰서 둥글게 굴려서 그려준다.

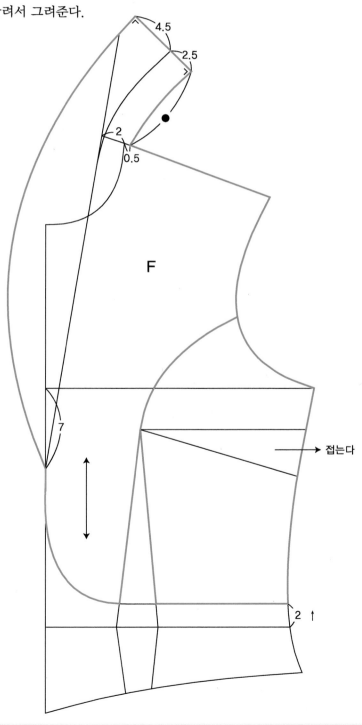

Wedding Dress
Pattern
Making

웨딩드레스

Wedding Dress Pattern Making

IV.

패턴메이킹

디자인별 드레스
패턴제작

1. A 라인 드레스 (A-LINE DRESS)

작 업 지 시 서

200   년   월   일   담당자 :

고객명				드레스 변 형 내 용	상의	스커트
S/NO		색상				
완 성						

상동			소품
유상동			
중(W)동			
하동			
유장			
유폭			
앞품			
어깨			
소매장			
소매통			
팔둘레			
암홀			
뒤품			
등기장			
총장			

담당	경유	경유	실장	

드레스의 스커트 부분이 A-LINE 형태로 벌어지는 디자인으로서 스커트의 길이가 앞에서 뒷중심쪽으로 점점 길어지는 스타일의 드레스이다.

드레스의 기본원형을 활용하여 앞판 스커트부분부터 먼저 제도한다.

1) 앞판제도

- 드레스의 기본 앞판 길원형을 그리거나 복사하여 사용한다.
- 앞허리중심 w에서 스커트길이 114cm를 연장하여 a점으로 한다.
- a에서 직각선을 그려 놓는다.
- a~d = 8cm
- f에서 d까지를 허리 다트선을 살려가면서 연결한다.
- d~c = 58cm
- w₁에서 c까지 연결한다.
- c~c₁= 0.6cm를 올려서 a~c선상으로 자연스럽게 연결하여 앞판의 스커트 옆선으로 한다.
- a~b = 32cm
- 허리 다트선을 살려가면서 e에서 b까지를 연결한다.
- f~d까지의 길이를 재서 같은 길이만큼을 e에서 b₁까지로 표시한 뒤 직각선을 유지하면서 a~b선상으로 자연스러운 곡선으로 연결하여 프린세스라인의 길이를 맞춘다.

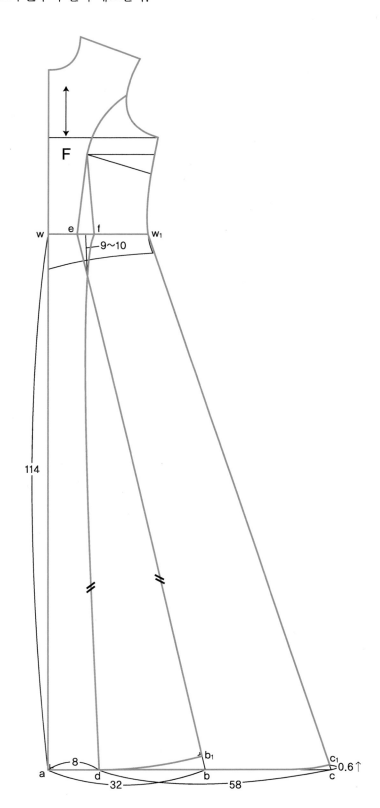

2) 뒷판제도

- 드레스의 기본 뒷판 길원형을 그리거나 복사하여 사용한다.
- 뒷중심선을 길게 연장하여 b와 h를 표시한다.

  W~B = 114cm

  W~H = 228cm
- B에서 수직선을 올려서 C와 D를 표시한다.

  B~C = 68cm

  B~D = 84cm
- 허리다트선을 그대로 사용하면서 F에서 C를 지나는 선을 길게 그린다.
- H에서 직각선을 6cm 그려서 H_1으로 한다.
- H_1에서 F에서 C를 지나는 연장선상에 116cm가 되는 점 P를 표시하여 H_1,P선을 그린다.
- H_1에서 P를 3등분하여 1/3점에서 8cm를 내려서 직각선을 사용하면서 곡선으로 자연스럽게

  P~H_1~H선을 그려준다.
- W_1에서 D까지를 연결하여 앞판의 옆선길이 w_1~c_1의 길이를 재서 같은 길이만큼을 표시하여 D_1으로 하여 뒷판의 옆선으로 한다.
- B~A = 3cm
- E에서 허리다트선을 사용하면서 A를 지나는 선을 길게 연장하여 둔다.
- F에서 P까지의 길이를 재서 E와 A를 지나는 연장선상에 같은 길이만큼을 표시하여 G로 한다.
- D_1과 G를 곡선으로 연결하여 스커트 밑단선으로 한다.

  재단할 때 두폭의 패턴을 붙여놓고 D_1~G~P~H의 밑단선을 자연스러운 곡선이 되는지를 확인한다.

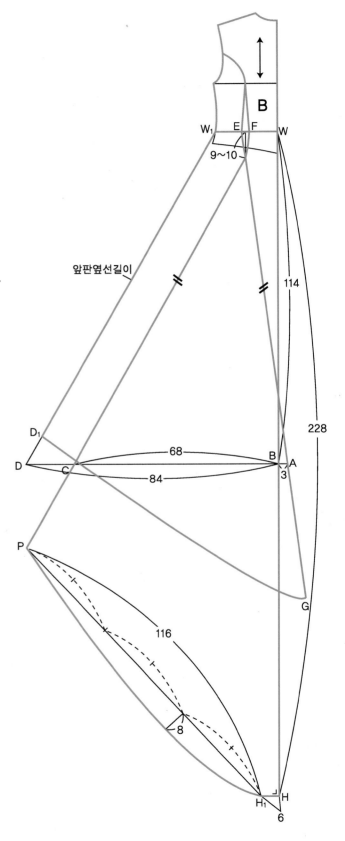

앞판옆선길이

2. H 라인 드레스 (H-LINE DRESS)

스커트의 실루엣이 H-LINE에 가까운 슬림한 라인의 스커트 형태의 드레스로서 앞,뒤의 스커트 길이
가 같은 형태이다.

작 업 지 시 서

200   년   월   일   담당자 :

고객명				드레스 변 형 내 용	상의	스커트
S/NO		색상				
완 성						

상동		소품
유상동		
중(W)동		
하동		
유장		
유폭		
앞품		
어깨		
소매장		
소매통		
팔둘레		
암홀		
뒤품		
등기장		
총장		

담당	경유	경유	실장	

1) 앞판제도

- w~h = 25cm
- h에서 수직선을 그린 후 h_1을 표시한다.

  $h \sim h_1$= H/4 + 4cm
- h~a = 89cm

  a에서 직각선을 그린다.
- w_1에서 h_1을 지나는 스커트의 옆선을 그린다.
- a~b까지의 길이를 3등분하여 a_1에서 옆선인 w_1,b선상에 직각으로 만나는 a_1, b_1 선을 그려서 각이 지지 않도록 다시 곡자로 자연스럽게 수정하여 스커트의 밑단선을 완성한다.

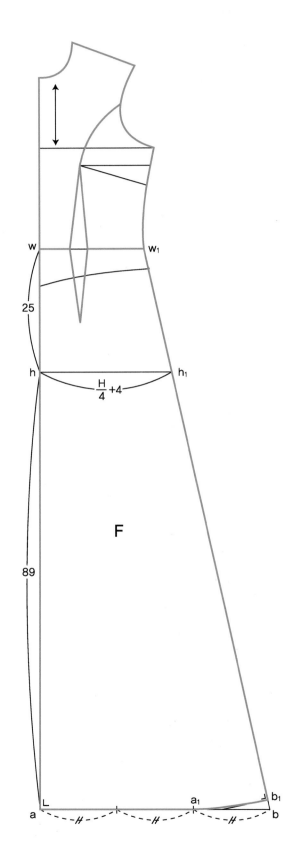

2) 뒷판제도

- W~H = 25cm
- H에서 수직선을 올린 후 H_1을 표시한다.

  H~H_1= H/4 + 2cm
- H~A = 89cm

  A에서 직각선을 그려 놓는다.
- W_1에서 H_1을 지나는 스커트의 옆선 W_1,B를 그린다.
- 앞판의 스커트 옆선인 w_1~b_1까지의 길이를 재서 W_1, B선에 같은 길이 만큼 표시하여 B_1으로 한다.
- B_1에서 밑단선인 A,B선상에 직각선을 다시 그려서 스커트의 밑단선으로 한다.
- H~H_2= 2cm
- M에서 H_2를 지나는 뒷중심선을 다시 그려준다.
- C에서 0.8cm올려서 C_1을 표시한 후 다시 밑단으로 직각선을 그려서 스커트 밑단선을 완성한다.

  이때 직각선이 각이 지지 않게 연결되도록 곡자로 다시 수정하여 자연스럽게 그린다.

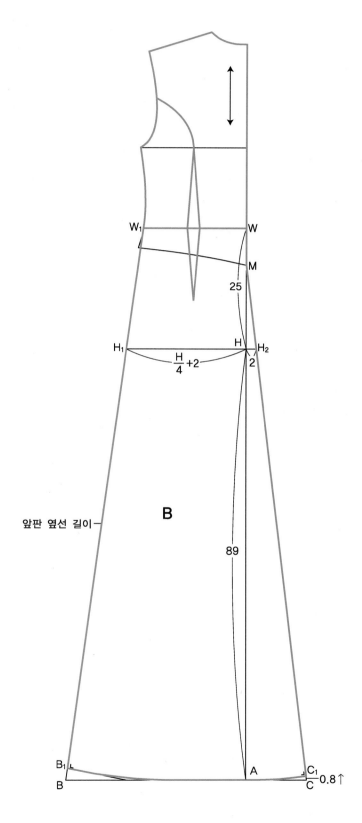

3. 머메이드 드레스 (MERMAID DRESS)

작 업 지 시 서

200   년   월   일   담당자 :

고객명				드레스 변 형 내 용	상의	스커트
S/NO		색상				
완 성						

상동			소품
유상동			
중(W)동			
하동			
유장			
유폭			
앞품			
어깨			
소매장			
소매통			
팔둘레			
암홀			
뒤품			
등기장			
총장			

담당	경유	경유	실장	

1) 앞판제도

- 드레스의 기본 앞판 길원형을 그리거나 복사하여 사용한다.
- 허리다트선의 길이를 9~10cm로 줄여서 다시 그린다.
- 길원형의 허리선 w에서 연장선을 그린다.
- w~h = 25cm
- h~m = 21cm
- m~p = 83cm
- 각각의 점에서 수직선을 그려준다.
- h~h_1= H/4 + 2cm
- n에서 수직으로 5cm 올린 점 n_1과 허리다트점 c를 연결한다.
- p와 n_1을 연결하여 스커트의 밑단선으로 한다.
- p~p_1= 4cm
- p_1에서 1.5cm 올린 점 s와 c를 연결한다. 이때 c에서 n_1까지의 길이와 같은 길이의 곡선을 만들어서 그려야 한다.
- h_1에서 수직선을 내려서 m_1으로 한다.
- m_1~m_2= 2cm
- p~o = 65cm
- o~d = 7.5cm
- w_1~h_1~m_2~d를 자연스러운 곡선으로 연결하여 앞판 스커트의 옆선으로 한다.
- s에서 d까지를 연결하여 스커트의 밑단선으로 한다.

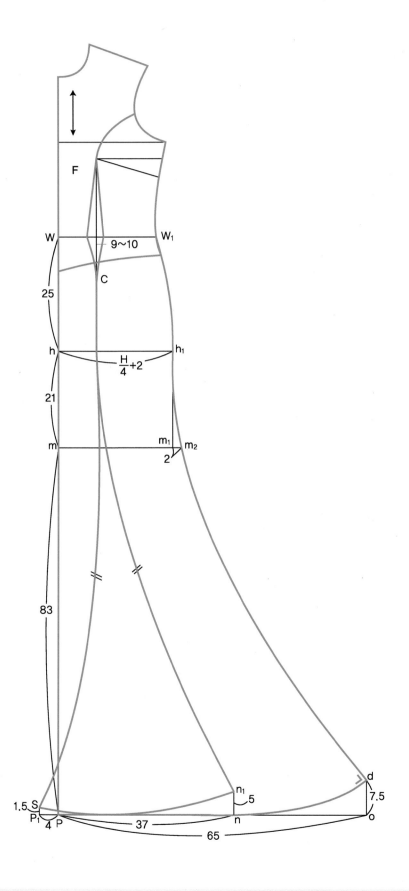

F

W   9~10   W₁

C

25

h $\dfrac{H}{4}+2$ h₁

21

m   m₁   m₂

2

83

n₁   5

d

7.5

1.5 S

P₁   4 P   37   n   o

65

2) 뒷판제도

- W~H = 25cm
- H~M = 21cm
- M~P = 83cm
- P~A = 52cm
- 각각의 점에서 수직선을 그려 놓는다.
- H~H_1 = H/4 +2cm
- H_1에서 수직선을 내려서 M_2로 한다.
- M_2~M_3 = 2cm
- M~M_1 = 2cm
- A~B = 40cm
- H~M_1~B를 자연스러운 곡선으로 연결하여 뒷중심선으로 한다.
- N에서 직각선을 위로 올려서 만나는 점을 N_1으로 한다.
- 허리다트선의 길이를 9~10cm로 줄여서 다시 그린다.
- 허리다트선의 끝점인 C와 N_1을 자연스럽게 곡선으로 연결한다.
- N_1과 B를 연결하여 스커트 밑단선으로 한다.
  이때 B점에서는 직각을 유지하도록 한다.
- N_1~S = 4.5cm
- S~S_1 = 11cm
- W_1~H_1~M_3~S_1까지의 스커트 옆선을 그린다.   이때 앞판 옆선 w_1~d까지의 길이를 재서 같은
  길이로 맞춰서 그려준다.
- P~O = 13cm
- C에서 O를 지나는 곡선을 그려서 C에서 N_1까지의 길이를 재서 같은 길이만큼 표시하여 Q로 한다.
- Q와 S_1을 연결하여 스커트의 밑단선으로 한다.
  이때 Q점에서는 직각을 유지하도록 한다.

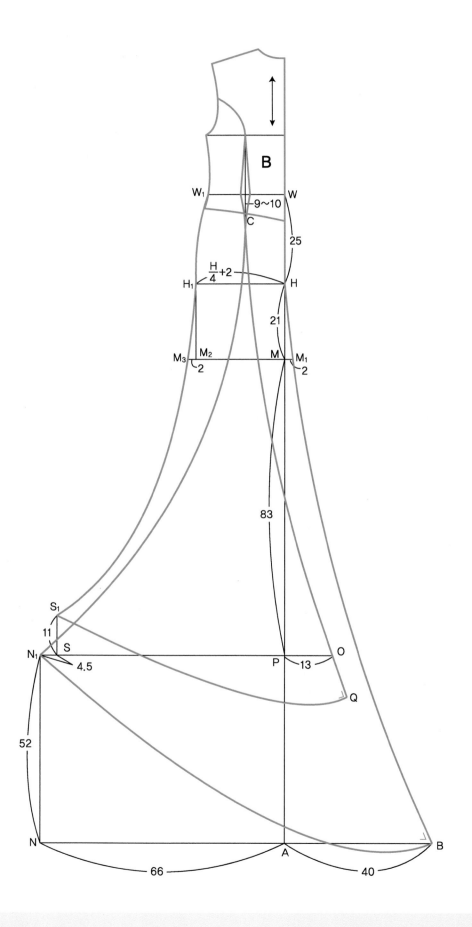

4. 개더 드레스 (GATHER DRESS)

작 업 지 시 서

200   년   월   일   담당자 :

고객명			드레스 변 형 내 용	상의	스커트
S/NO		색상			
완 성					

상동	
유상동	
중(W)동	
하동	
유장	
유폭	
앞품	
어깨	
소매장	
소매통	
팔둘레	
암홀	
뒤품	
등기장	
총장	

소품

담당	경유	경유	실장

1) 앞판제도

- a~b = 13cm
- b~d = 122cm
- a 와 d에서 수직선을 그려 놓는다.
- b에서 W/4 ×3 을 계산하여 a에서 올린 수직선상에 닿는 점 g를 찾아서 곡선으로 그려서 허리선으로 한다. 이때 b에서는 직각선으로 시작하여 곡선으로 자연스럽게 연결하여 허리선을 그려서 완성한다.
- b~c = 8cm
- b~g를 3등분하여서 c에서 1/3점인 h까지를 직선으로 그린다.
- c~h까지를 2등분하여 위로 0.6cm 올려서 곡선으로 자연스럽게 연결하여 허리선을 V자 형으로 하였을 때의 허리선으로 한다.
- d~e = 137cm
- e에서 수직선을 올려서 그려 놓고 g에서 122cm가 되는 곳을 f로 하여 스커트의 옆선을 그린다.
- d에서 직각선을 조금 유지하면서 f까지 곡선으로 스커트의 밑단선을 그린다.

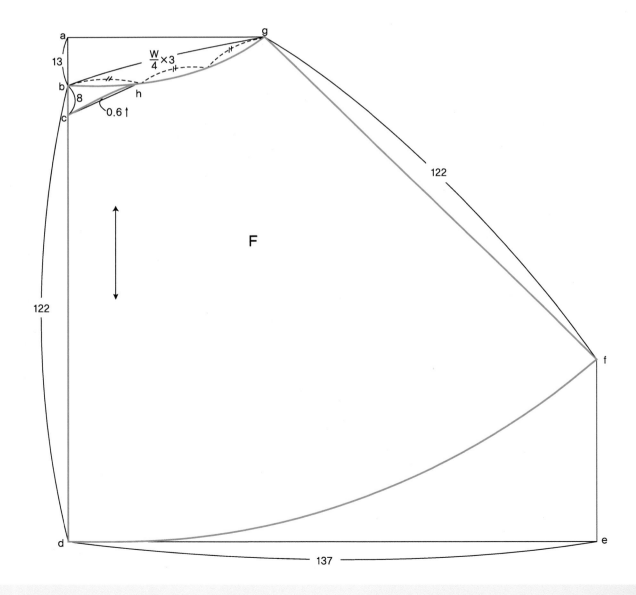

2) 뒷판제도

- A~B = 13cm
- B~D = 122cm
- A와 D에서 수직선을 그려 놓는다.
- B에서 W/4 × 3을 계산하여 A에서 올린 수직선상에 닿는 점 H를 찾아서 허리선을 그린다.
  이때 B에서는 직각선을 유지하면서 이어서 곡선으로 허리선을 완성한다.
- B~C=8cm
- B~H까지의 허리선을 3등분하여 C에서 1/3점인 P까지를 직선으로 그린다.
- C~P까지를 2등분하여 위로 0.6cm 올려준 뒤 곡선으로 자연스럽게 연결하여 디자인에서 허리선을
  V자 형으로 하였을 때의 허리선으로 한다.
- D~F=137cm
- F에서 위로 수직선을 그려 놓고 H에서 122cm가 되는 곳을 G로 하여 스커트의 옆선을 그린다.
- D에서 직각선을 유지하면서 G까지 곡선으로 연결하여 스커트의 밑단선으로 한다.
  이때 뒷스커트부분을 길게 늘어지게 하려면 D에서 90cm를 더 연장하여 E점으로 하여 G까지 연결
  하여 스커트의 밑단선으로 한다.

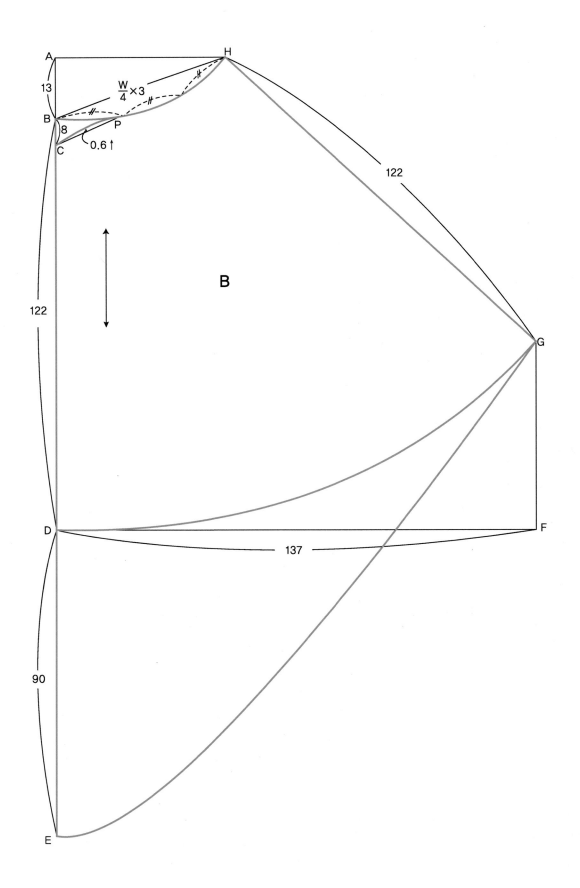

A

13

H

$\frac{W}{4} \times 3$

#

#

B

8

P

0.6↑

C

122

122

B

D

137

F

G

90

E

5.하이웨이스트 드레스 (HIGH WAIST DRESS)

작 업 지 시 서

200 년 월 일   담당자 :

고객명				드레스 변형 내용	상의	스커트
S/NO		색상				
완 성						

상동	
유상동	
중(W)동	
하동	
유장	
유폭	
앞품	
어깨	
소매장	
소매통	
팔둘레	
암홀	
뒤품	
등기장	
총장	

소품

담당	경유	경유	실장

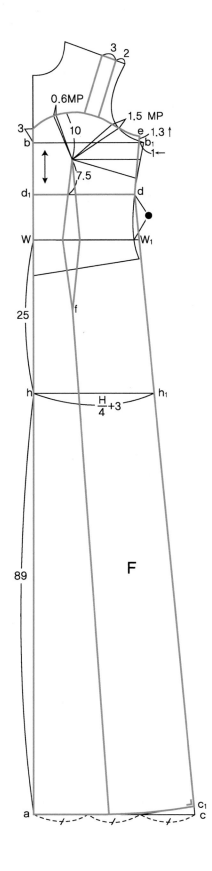

1) 앞판제도

- w~h = 25cm
- h~a = 89cm
- a와 h에서 수직선을 그려 놓는다.
- h~h_1 = H/4 + 3cm
- B.P에서 7.5cm 아래로 선을 그려서 하이웨이스트선 d~d_1으로 한다.
- d에서 h_1을 지나는 옆선 a~c을 그린다.
- a~c 를 3등분한 점 a_1에서 옆선에 직각으로 만나는 선 a_1~c_1을 그린 후 a_1을 중심으로 해서 좌우로 각이 지지않게 다시 곡선으로 수정해서 그린다.
- 허리다트 끝점 f에서 프린세스라인을 스커트의 단까지 연결해서 그린다.
- b_1에서 안으로 1cm 들어가서 위로 1.3cm 올려서 옆가슴점 e로 한다.
- e에서 d까지 옆선을 다시 그린다.
- b에서 위로 3cm 올린 점에서 e까지 가슴선을 그리는데 이때 B.P에서 10cm 올린 점을 지나도록 한다.
- 가슴선을 0.6cm MP 시켜서 들뜨지 않도록 한다.
- 어깨끈은 3cm 넓이로 한다.

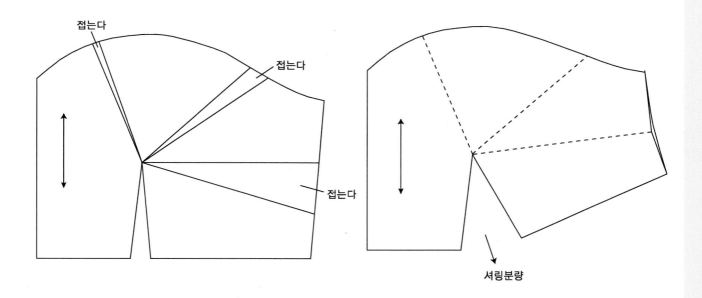

- B.P에서 허리다트부분을 잘라낸다.
- 허리 윗부분을 잘라내서 가슴선의 0.6cm를 MP시키고 , 암홀선에서 1.5cm를 접어서 MP 시킨다.
- 가슴다트도 접어서 MP를 시키면 허리다트부분이 더 넓어져서 셔링분으로 사용하게 된다.
- MP 시킨 부분들을 자연스러운 선으로 다시 수정해서 그린다.

2) 뒷판제도

- W~H = 25cm
- H~A = 89cm
- A에서 수직선을 그려 놓는다.
- H~H_1= H/4 +2cm
- H~H_2= 1cm
- W~M = 7.5cm
- M에서 H_2를 지나는 직선을 길게 그린다.
- C~C_1= 20cm

이때 뒷스커트의 길이를 길게 끌리지 않고 앞판 스커트 길이와 같게 할때는 C까지만 그려준다.
- 앞판의 옆선에서 w_1~d까지의 길이를 재서 뒷판 옆선에 같은 길이 D~W_1만큼 표시 하여 하이웨이 스트선 D~D_1을 그려준다.
- B_1에서 안으로 1cm 들어가서 위로 1.3cm 올려서 옆가슴점 E로 한다.
- E에서 D까지 옆선을 다시 그려준다.
- B에서 위로 3cm 올려서 E점과 연결한다.
- 어깨끈의 넓이는 앞판과 같이 3cm로 한다.
- D에서 H_1을 지나는 스커트의 옆선을 G까지 그린다.
- 앞판에서 스커트의 옆선 길이 d~c_1까지의 길이를 재서 같은 길이만큼 D점부터 표시하여 G_1으로 한다.
- C_1에서 직각을 유지하면서 G_1까지의 스커트 밑단선을 자연스러운 곡선으로 그린다.
- 허리다트 끝점 F에서 스커트 밑단쪽으로 프린세스라인을 그린다.

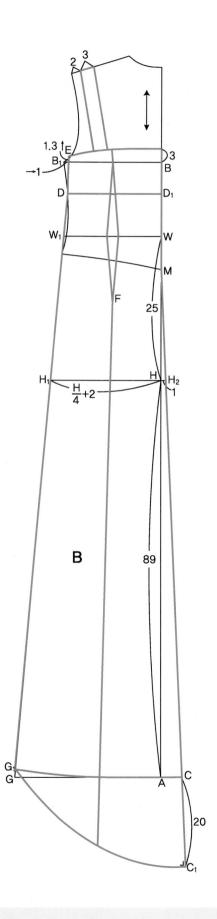

6. 티어드 드레스 (TIERED DRESS)

작 업 지 시 서

200   년   월   일   담당자 :

고객명				드레스 변 형 내 용	상의	스커트
S/NO		색상				
완 성						

상동	
유상동	
중(W)동	
하동	
유장	
유폭	
앞품	
어깨	
소매장	
소매통	
팔둘레	
암홀	
뒤품	
등기장	
총장	

소품

담당	경유	경유	실장	

옷감의 폭을 거의 그대로 다 사용할 수 있는 디자인으로 옆솔기가 없이 뒷중심선만 있는 형태의 스커트 디자인이다. 따라서 패턴 역시 앞.뒤를 같이 제도하여 뒷중심만 밑으로 1.5cm 정도 내려서 스커트의 뒷중심 단부분이 밑으로 쳐지지 않게 한다.

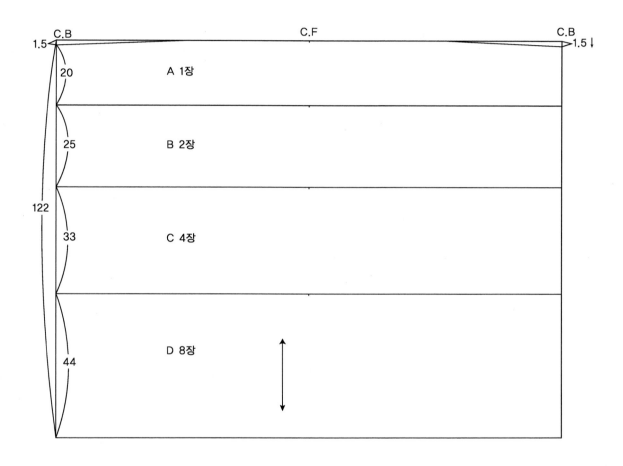

- 옷감의 폭에 따라 스커트 폭을 정할 수 있는데 웨딩드레스의 경우 대부분의 원단이 폭이 넓으므로 최소한 150cm로 한다.
- 각 단의 넓이는 밑으로 갈수록 점점 넓어지게 분리한다.
- 앞중심 너치를 표시한다.
- 양쪽의 뒷중심선에서 아래로 1.5cm를 내린 뒤 허리선을 자연스럽게 다시 그린다.
- 각단별로 패턴을 분리한다.
- 각단의 끝단이 서로 이어지는 디자인이 아니고 서로 겹쳐지는 스타일로 B,C,D단의 윗부분은 위로 5cm 연장하여 겹침분량을 준다.
- B단은 2장으로 재단하여 두폭을 이어준 뒤 개더를 잡아서 A단에 봉제한다.
- C단은 4장으로 재단한다.
- D단은 8장으로 재단한다.

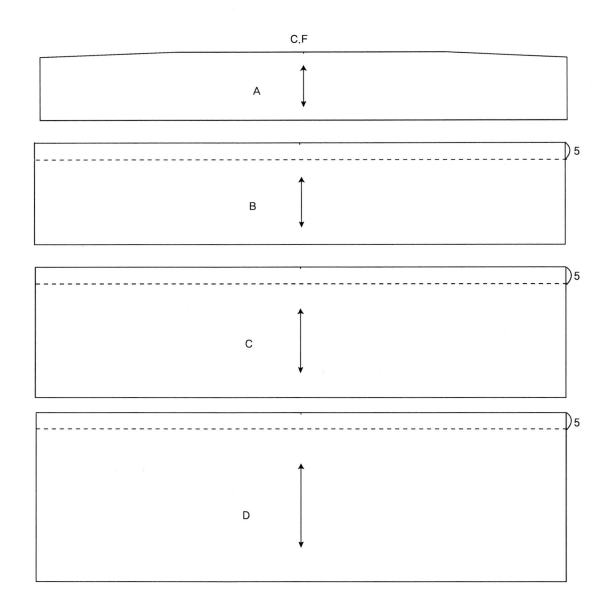

웨딩드레스
Wedding Dress Pattern Making
패턴메이킹

V.

트레인 및 베일
패턴 제작

1. 트레인 (TRAIN)

2. 베일 (VEIL)

1. 트레인 (TRAIN)

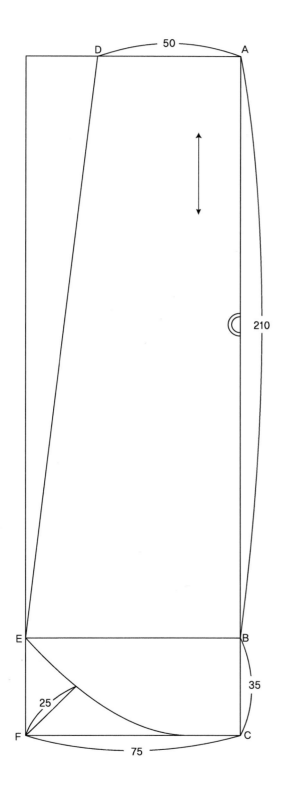

- A~D = 50cm
- A~B = 210cm
- B~C = 35cm
- C~F = 75cm
- D에서 E까지 직선으로 연결한다.
- C에서 E까지 곡선으로 그린다.
  이때 F에서 25cm 떨어지면서 C에서는 직각선을 유지하면서 곡선으로 그린다.

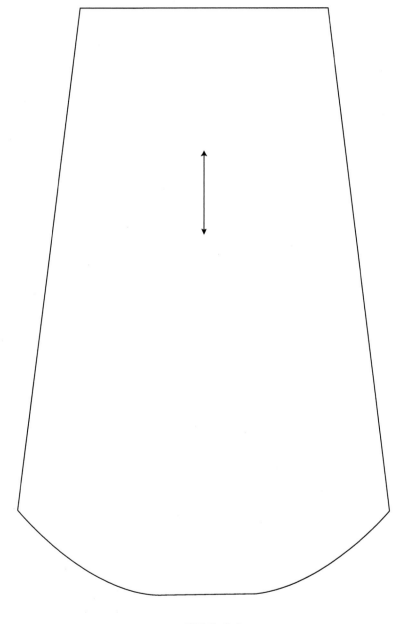

완성된 패턴

2. 베일 (VEIL)

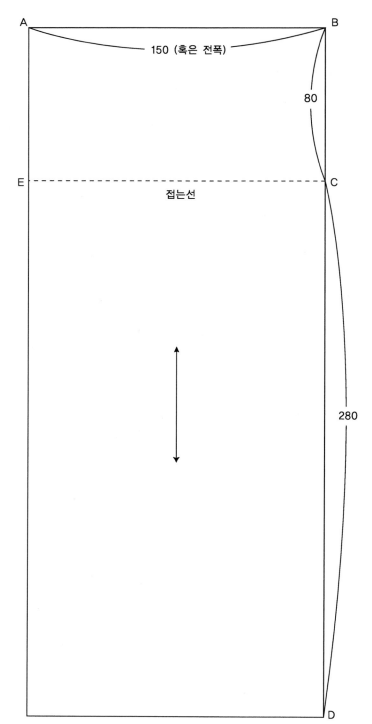

150 (혹은 전폭)

80

접는선

280

- A~B = 150cm
- B~C = 80cm
- C~D = 280cm
- C에서 E까지의 선은 베일의 윗부분
  으로 접어서 두겹으로 사용한다.

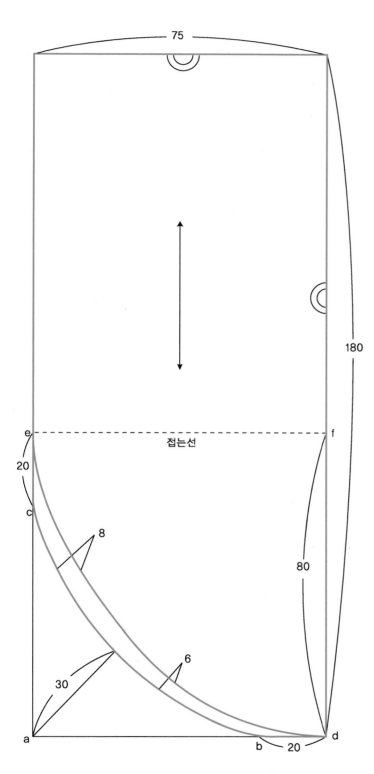

- 사각형으로 재단한 뒤 다시 세로로 반으로 접고 가로선으로 반으로 접어서 끝부분을 곡선으로 재단한다.
- b~d = 20cm
- c~e = 20cm
- c에서 b까지를 a에서 안으로 30cm 들어가게 곡선으로 그려서 베일의 아래부분의 밑단으로 한다.
- b에서 c까지의 곡선에서 안으로 윗부분은 8cm , 밑부분은 6cm 더 들어가서 e에서 d까지를 곡선으로 다시 그려서 베일 윗부분의 끝단선으로 사용한다.

참고문헌

- 패턴 디자인 & 마커 메이킹 , 교학연구사, 2006.
- 패션 드레이핑, 교학연구사, 1999.
- 패턴 메이킹, 교학연구사, 1998.
- 패턴제작, 경춘사, 2001.
- Wedding Dress, 삶과 문화, 2000.
- Wedding Dress Pattern & Production, 학술정보, 2004.
- PATTERN MAKING for Fashion Design, Prentice-Hall, 2000.
- A WEDDING DRESS COLLECTION, 유로디자인, 2006.
- DRESS COLLECTION, 혜원웨딩, 2005-07.